大数据背景下计算机信息技术的应用探索

黄克飞 著

延吉·延边大学出版社

图书在版编目（CIP）数据

大数据背景下计算机信息技术的应用探索 / 黄克飞著. 延吉：延边大学出版社，2024.10. -- ISBN 978-7-230-07320-2

I. TP3

中国国家版本馆CIP数据核字第2024BY0346号

大数据背景下计算机信息技术的应用探索

著　　者：黄克飞
责任编辑：李佳奇
封面设计：文合文化
出版发行：延边大学出版社

社　　址：吉林省延吉市公园路977号	邮　编：133002
网　　址：http://www.ydcbs.com	E-mail：ydcbs@ydcbs.com
电　　话：0433-2732435	传　真：0433-2732434

印　　刷：廊坊市广阳区九洲印刷厂
开　　本：710毫米×1000毫米　1/16
印　　张：11.25
字　　数：200千字
版　　次：2024年10月第1版
印　　次：2024年11月第1次印刷
书　　号：ISBN 978-7-230-07320-2
定　　价：78.00元

前　言

　　随着我国科技水平和经济水平的不断提升，大数据技术、云计算技术在社会和学术界的重要性和作用日益突出，这些技术的出现进一步促进了计算机技术的发展，极大地提升了我国在世界舞台上的竞争力。

　　大数据，或称巨量资料，指的是涉及的资料量规模巨大，无法通过主流软件工具，在合理时间内达到撷取、管理、处理，并整理成为帮助企业经营决策更积极目的的资讯。在大数据时代背景下，各种先进技术也得到了迅速发展。如今，计算机信息技术不仅拥有传统媒体所具有的功能与特点，还借助计算机技术的优势实现了由图像到声音、视频的多元化信息传递模式，从而为现代企业的可持续发展提供了更加丰富的宣传方式。计算机技术在各个领域的广泛应用不仅提高了人们的生活质量，为人们带来了各种便利，还在人们的生产和日常工作中发挥着极其重要的作用，大大提高了生产和工作效率。如今，计算机信息技术已经成为主导社会经济发展的一个重要因素。使用计算机信息技术的意识，并应用这些技术进行信息获取、存储、传输和处理的技能，以及运用计算机解决实际问题的能力，成为当今社会衡量一个人文化素养的重要标志。

　　本文从大数据的概念出发，介绍了大数据、计算机信息技术的相关知识，并阐述了大数据背景下计算机信息技术在各个领域的广泛应用，阐述大数据对计算机信息技术发展的促进作用、大数据时代计算机信息技术的应用等，能够为对大数据、计算机信息技术感兴趣的读者提供参考。

目 录

第一章 大数据概述 ……………………………………………………… 1
第一节 大数据的概念 ……………………………………………… 1
第二节 大数据的处理流程与关键技术 …………………………… 3
第三节 大数据的价值 ……………………………………………… 7
第四节 大数据的使用 ……………………………………………… 11

第二章 计算机信息技术基础知识 ……………………………………… 23
第一节 信息及其应用 ……………………………………………… 23
第二节 信息技术、信息系统与信息社会 ………………………… 35
第三节 信息在计算机中的表示 …………………………………… 42
第四节 信息的检索与判别 ………………………………………… 51

第三章 计算机网络与信息系统安全 …………………………………… 59
第一节 计算机网络概述 …………………………………………… 59
第二节 信息系统安全概述 ………………………………………… 70
第三节 网络攻击手段与防御技术 ………………………………… 77

第四章 大数据背景下计算机信息技术在财务管理实践中的应用 · 84
第一节 ERP 系统 …………………………………………………… 84
第二节 账务处理信息化 …………………………………………… 92
第三节 往来财务业务管理信息化 ………………………………… 109

第五章 大数据背景下计算机信息技术在教育领域的应用 ………… 118
第一节 信息技术教育应用的理论基础与发展趋势 ……………… 118

第二节 信息技术与课程整合…………………………………131
第三节 影响计算机信息技术在教育领域中应用的主要因素………153
第四节 "人工智能+教育"的主要技术手段……………………157
第五节 云计算与教育云在教育领域中的应用……………………165

参考文献………………………………………………………171

第一章 大数据概述

随着经济和科学技术的飞速发展,当今社会已经进入大数据时代。本章旨在介绍大数据的基本知识,主要介绍了四部分内容,分别为大数据的概念、大数据的处理流程与关键技术、大数据的价值,以及大数据的使用。

第一节 大数据的概念

大数据,指的是传统数据处理应用软件不足以处理的大或复杂的数据集。大数据也可以定义为来自各种来源的大量非结构化或结构化数据。

业界对"大数据"的经典定义可以被归纳为"4个V":

第一,海量的数据规模(Volume),是指大型数据集,一般在10TB左右。但在实际应用中,很多企业用户把多个数据集放在一起,形成了PB级的数据量。对于这样的数据集,人们很难用传统数据库工具对其内容进行抓取、管理和处理。

第二,多样的数据类型(Variety)。数据来自多种数据源,数据种类和格式日渐丰富,已冲破了之前所限定的结构化数据范畴,囊括了半结构化和非结构化数据。

第三,快速的数据流转和动态的数据体系(Velocity)。在数据量庞大的情况下,也能够做到对数据的实时处理,从各种类型的数据中快速获得自己需要的信息。

第四，巨大的数据价值（Value）。大数据的价值性高。随着社交数据、企业内容、交易与应用数据等新数据源的兴起，传统数据源的局限被打破，企业越发需要有效的信息资源，以确保其价值。大数据的数据产生量巨大且速度非常快，必然会形成各种有效数据和无效数据错杂的状态，因此大数据的数据价值密度低。

大数据使我们以一种前所未有的方式对海量数据进行分析，从而获得具有巨大价值的产品和服务，或深刻的洞见，最终形成变革之力。

美国高德纳咨询公司提出，大数据只有依靠新的处理模式，才能具有更强的决策力、洞察发现力和流程优化能力的海量、高增长率和多样化的信息资产。从数据的类别上看，大数据指的是无法使用传统流程或工具进行处理或分析的信息，其定义是指那些超出正常处理范围、迫使用户采用非传统处理方法的数据集。

尽管对"大数据"的概念说法不一，但业界基本达成的共识是，大数据是由数量巨大、结构复杂、类型众多的数据结构构成的数据集合，在合理时间内可以通过对该数据集合的管理与处理，使其成为能帮助企事业单位管理与决策的有用信息。在大数据时代，重要的不是如何定义"大数据"，而是如何使用"大数据"。

第二节 大数据的处理流程与关键技术

一、大数据的处理流程

（一）采集

大数据的采集是指利用多个数据库接收来自客户端的数据，用户可以通过这些数据库进行简单的查询和处理工作。比如，电商会使用传统的关系型数据库来存储事务数据。

在大数据的采集过程中，其主要特点和挑战是并发数高，因为同时可能会有成千上万的用户进行访问和操作。比如，火车票售票网站，其并发的访问量在峰值时可达到上百万，所以需要在其采集端部署大量数据库才能支撑。如何在这些数据库之间进行负载均衡和分片，需要深入思考和精心设计。

（二）导入与预处理

虽然采集端本身有很多数据库，但是要对这些数据库的海量数据进行有效分析，还是应该将这些来自前端的数据导入一个集中的大型分布式数据库，或者分布式存储集群，并且在导入的基础上，做一些简单的清洗和预处理工作。也有一些用户会在导入时使用来自 Twitter 的 Storm 对数据进行流式计算，以满足部分业务的实时计算需求。

导入与预处理过程的特点和挑战主要是导入的数据量大，每秒钟的导入量经常会达到百兆甚至千兆级别。

（三）统计与分析

统计与分析主要利用分布式数据库或分布式计算集群来对存储于其内的海量数据进行普通的分析和分类汇总等，以满足常见的分析需求。统计与分析过程的主要特点和挑战是分析涉及的数据量大。

（四）挖掘

与前面统计和分析过程不同的是，数据挖掘一般没有预先设定好的主题，主要是在现有的数据上面进行基于各种算法的计算，从而起到预测的效果，实现一些高级别数据分析的需求。

该过程的特点和挑战主要是用于数据挖掘的算法很复杂，并且计算涉及的数据量和计算量都很大，常用的数据挖掘算法都以单线程为主。

二、大数据的关键技术

大数据技术，就是指从庞大的数据流中有效率地获得有价值的信息的科学技术。近年来，与大数据有关的新的技术纷纷涌现，社会各界对大数据技术的关注也与日俱增，这些新的技术成为大数据采集、存储、分析处理和应用的助推剂。大数据处理的关键技术一般包括：大数据采集技术、大数据预处理技术、大数据存储和管理技术、大数据分析和挖掘技术、大数据展现和应用技术等。

（一）大数据采集技术

大数据采集通常涉及大数据的智能感知层和基础支撑层。智能感知层主要是感知多种类型的大量的数据，包括结构化数据、半结构化数据、非结构化数据以及其他类型的数据。智能感知层能够完成对各种类型的大数据的智能识别、定位、跟踪和访问、传输、信号转换、监测、初步处理和管理等。

大数据技术在数据采集方面运用的新方法：一是系统日志采集方法；二是网络数据采集方法，指对非结构化数据的采集；三是其他数据采集方法。

（二）大数据预处理技术

在运用大数据采集技术采集到海量数据之后，就会运用大数据预处理技术对数据进行处理，主要是针对已接收的数据，包括四个步骤：数据清理、数据集成及变换、数据规约和概念分层。其中，数据清理主要完成对数据的遗漏值处理、噪声数据处理和对不一致数据的处理。数据清理可以为后续的数据分析、数据挖掘等提供更完整、更准确、更清晰的数据基础。

（三）大数据存储和管理技术

运用大数据存储和管理技术，能够把获取到的各种类型的数据存储起来，建立相应的新型数据库。大数据存储和管理技术负责对大数据进行管理和调用。在复杂的结构化、半结构化和非结构化的数据之中，我们要重视对这些复杂的数据进行存储和管理的相关技术的应用与研究。新型数据库技术、大数据索引技术及大数据安全管理技术等是目前具有重要意义的大数据技术。

（四）大数据分析和挖掘技术

大数据分析就是指在研究大量数据的过程中，探求模式、相关性及其他有用的信息。它能够帮助需求者更好地适应变化，使制定的决策更加高效、明智。

大数据分析技术包括以下五个方面：

1. 可视化分析

对大数据来说，无论是大数据分析专家，还是普通用户，他们对大数据分析的最基本要求都是数据的可视化。通过可视化的分析，人们可以更直观地看到结果。

2. 数据挖掘算法

大数据分析的理论核心就是数据挖掘，其各种各样的算法可以让我们深入数据内部、精练数据、挖掘价值。这些算法能最大限度地满足我们对数据处理速度的要求。

3. 预测性分析

分析师在预测性分析过程中，利用先前的可视化分析、数据挖掘的结果，可以对未来的形势进行预测性的判断。

4. 语义引擎

语义引擎是指利用自然语言处理和机器学习技术对大数据进行语义理解和信息抽取的系统，用于将非结构化数据转化为结构化数据、提高数据分析的准确性和效率。语义引擎具备自动识别和理解文本内容的能力，从而实现对数据的智能化处理和分析。语义引擎的核心作用在于通过对语言的理解，从海量数据中提取有价值的信息，进而为决策提供支持。

5. 数据质量和数据管理

大数据分析离不开数据质量和数据管理，高质量的数据和有效的数据管理，无论是在学术研究领域，还是在商业应用领域，都能够保证分析结果的真实性和有价值。

（五）大数据展现和应用技术

大数据技术能够将隐藏于海量数据中的信息和知识挖掘出来，为人类的社会经济活动提供依据，从而提高各个领域的运行效率，大大提高整个社会经济的集约化程度。大数据重点应用于三大领域：商业智能、公共服务和市场营销。大数据的应用正逐渐渗透到社会的各行各业，同时大数据应用技术也在不断地发展完善，从而能够适应各行业领域的新要求。

第三节 大数据的价值

一、大数据的时代价值

大数据作为一种数据集合，具有容量大、类型多、存取速度快、应用价值高等特征。大数据的发展速度是非常快的，对数量巨大、来源分散、格式多样的数据进行采集、存储和关联分析，从中发现新知识、创造新价值、提升新能力，大数据俨然已经成为新一代信息技术和服务业态。

二、大数据的社会价值

（一）保证社会的稳定和健康发展

大数据分析技术具有重要作用，一方面能够有效提升整个数据处理过程的智能化程度，另一方面还能从大量的数据中快速、准确地获得自己需要的数据信息。大数据技术的应用在一定程度上提高了我国社会对各种信息的包容性，有利于我国社会的健康发展，是我国社会稳定的重要保障。

（二）推动社会主义事业的发展

在应用大数据技术的过程中，要注意确保社会发展的各项成果能够让社会所有民众共同享受，以实现全体民众享受发展成果的目标。在大数据时代，政府、企业以及公众可以借助大数据的电力生物生态链等模式，提升生活贫困群体的生活水平，帮助他们摆脱贫困，促进社会的整体发展，从而推动我国社会主义事业的发展。

（三）提高政府部门的公信力和自我监督能力

利用大数据，政府部门能够提高服务效能，能够更加科学地分析普通民众的实际生活状况，从而准确把握普通民众的各种需求，能够为合理惠民政策的出台提供真实、准确的现实基础和数据信息，能够及时解决普通民众遇到的各项社会问题，从而进一步提高政府部门的公信力。

利用大数据技术，政府部门能够实时、准确地监督部门内工作人员的行为，对工作人员失职、渎职等违法乱纪的行为进行监督，避免出现损害普通民众利益的情况，在维护政府的执政能力和威信力等方面发挥积极作用，使政府部门能够进行自我监督，同时进一步完善社会的监督体系与相关制度。

三、大数据的产业价值

（一）提高处理信息数据的效率

对企业以及其他的组织与机构来说，要想从采集的各项信息数据中获得更高的价值和效益，就必须从已经完成处理流程的大数据分析出发。由此看来，效益也是大数据的核心要素之一。保证大数据具有比较高的效益性，有助于促进各种机构与部门健康、良好地发展。在当今社会，电子商务的发展速度是非常快的，人们的日常生活已经离不开电子商务。电子商务影响信息流、物流、资金流的发展。不仅如此，许多新兴行业的兴起和众多行业的发展与电子商务的发展也存在密切的关系。从这一层面来看，企业以及相关的组织与部门要处理的信息数据的数量是庞大的。因此，企业及相关组织、部门必须加快处理信息的速度，这就给大数据分析技术的应用创造了广阔的空间。

除此之外，利用大数据技术还可以整理地方的基础设施资源，在一定程度上能够提升物联网的大数据应用业务的性能。同时，大规模、高效率地推动信息技术设备以及人工智能技术的发展，能够进一步提高物流网的运转效率，大大降低物流企业的业务成本。

（二）推动产业转型升级

大数据引起的创新推动了知识经济、网络经济的快速发展及新经济模式的兴起。而在新兴经济模式中，信息化和智能化的广泛应用有利于推动产业融合。大数据应用有利于推动产业转型升级。近年来我国企业的生产管理水平不断提高，但仍然存在较多不足，在生产和管理过程中，精细化、精准化程度不高，没有深入、细化到全行业产业链的各环节，以提升生产管理水平。不同产业、企业之间，乃至同一产业、企业内部的不同子系统之间的联系不够紧密，造成各种资源浪费，没有实现生产的规模效应，达到产业发展、企业生产的效益最大化。

例如，就制造企业来说，企业生产、管理、销售全流程的数据涉及的内容是很丰富的，不仅包括经营及运营数据，客户数据，产品相关的设计、研发和生产数据，机器设备数据等内部数据，还包括社交数据、合作伙伴数据、电商数据以及宏观数据等外部数据。当前，围绕业务流程改进和优化，企业对内部信息数据的利用相对较多，开发、利用的外部数据相对来说比较少。大部分企业当前并没有联通内外部数据，也没有整合自己的内部数据，使得内部数据不够标准，仍然存在信息孤岛现象。

数据产业指的是开发利用网络空间数据资源而形成的产业。数据产业链涉及多种业务内容，主要涵盖了从网络空间获取数据并进行整合、加工和生产，数据产品传播、流通和交易以及相关的法律和其他咨询服务。随着科学技术的不断发展，人类处理数据的能力也在不断提高。如今，人类可以通过卫星、遥感等手段监控和研究全球气候的变化，提高气象预报的准确性和长期预报的能力；通过对政治经济事件、气象灾害、媒体/论坛评论、金融市场、历史等数据进行整合分析，发现全球市场波动规律，进而捕捉到稍纵即逝的获利机会；在医疗健康领域，通过汇总就诊记录、住院病案、检验检查报告等，以及医学文献、互联网信息等数据，可以实现对疑难疾病的早期诊断、预防，从而制定有效治疗方案，监测不良药物反应，对医学诊断的有效性进行评估和度量，防范医疗保险欺诈与滥用监测，为公共卫生决策提供支持。

第四节 大数据的使用

一、数据资源采集与转化

（一）数据资源的采集

为了更好地满足企业或组织不同层次的管理与应用的需求，数据采集可以分为以下三个层次：

第一，业务电子化。实现手工单证的电子化存储，并实现流程的电子化，使得业务的过程能够被真实地记录下来。数据的真实性是这一层次数据采集关注的重点，也就是要确保数据质量。

第二，管理数据化。通过业务电子化，企业能够进行数据统计分析，以管理企业的经营和业务。这就使得企业对数据的需求不满足于记录和流程的电子化，要求对企业内部信息、企业客户信息、企业供应链上下游的信息实现全面采集，建立数据集市、数据仓库等，以进一步整合数据，并创建基于数据的企业管理视图。数据的全面性是这一层次数据采集关注的重点。

第三，数据化企业。在大数据时代，数据已经逐步成为企业的生产力。数据化的企业能够从数据中发现和创造价值。企业数据采集分为广度和深度两个方向。从广度来分析，数据采集不仅采集内部数据，还采集外部数据；不仅采集结构化数据，还采集非结构化数据，如文本、图片、视频、语音等。从深度来分析，数据采集不仅采集每个流程的执行结果，还采集每个流程中每个节点执行的过程信息。数据价值是这一层次数据采集关注的重点。

（二）数据资源的转化

现阶段，将数据资源转化为解决方案，实现产品化，已经成为数据研究的重点。大数据作为一种手段，其发挥的作用是有限的。我们关注的重点是大数据能做什么、不能做什么。目前，大数据主要具有以下几种较为常用的功能：

1. 追踪

大数据可以追踪、追溯所有的记录，形成真实的历史轨迹。对一些大数据应用来说，追踪是其起点，主要涉及消费者的购买行为、购买偏好、支付手段、搜索和浏览历史、位置信息等。

2. 识别

在对各种因素进行全面追踪的基础上，通过定位、比对、筛选可以实现精准识别。特别是在语音、图像、视频等方面，识别效果更好，能够进一步丰富可分析的内容，获得精准的识别结果。

3. 画像

画像是指在对同一主体的不同数据源进行追踪、识别、匹配的基础上，形成更立体的刻画和更全面的认识。对消费者进行画像，能够精准地为消费者推送广告和产品；对企业进行画像，能够准确地判断企业信用和面临的风险。

4. 预测

预测是指在追踪、识别和画像的基础上，预测未来趋势，预测重复出现的可能性。在指标出现预期变化或者超出预期变化时，及时给予提示和预警。大数据在很大程度上丰富了预测的方法，有助于建立风险控制模型。

5.匹配

在海量信息中精准追踪和识别，根据相关性和接近性，筛选比对信息，能够进一步提高产品搭售和供需匹配的效率。基于大数据的匹配功能，互联网约车、租房等共享经济新商业模式发展迅速。

6.优化

按照一定的原则，利用各种算法对路径、资源等进行优化配置，对优化数据资源有重要意义，有利于提升企业的服务水平、提高企业内部的效率。不仅如此，还能帮助公共部门节约社会公共资源，进一步提高社会公共服务能力。

二、大数据使用现状与发展趋势分析

（一）大数据技术应用领域

现阶段，大数据技术已经广泛应用在各行各业中，很多国家将大数据和人工智能技术相结合，以充分发挥这两项技术的优势。当前，我国大数据技术发展迅猛，应用广泛，在信息管理、企业管理、电子政务、金融、制造、科研、教育、能源等各个领域发挥着重要的作用。以下是大数据技术在我国几个典型领域的应用现状分析。

1.在工业物联网领域的应用

工业物联网数据管理指的是对工业生产过程中涉及的产品、设备等各项数据进行采集和管理。在工业领域中，通过传感器等物联网技术进行数据采集、传输得来的数据，被称为工业大数据。充分利用大数据技术中的数据驱动技术检测各种设备，可以进一步优化工业生产设备，使其更加科学、合理。例如，利用工业大数据技术对工业机械进行科学定位和远程监控，有助于更便捷地计算各工程机械设备的工作时间，并对各工程故障进行预警。北方重工企业和上海隧道工程企业不仅有效运用了工业大数据技术，还加强了与高校之间的合作，对盾构挖掘机实行远程监控与故障预警。

2. 在用户画像中的应用

网络信息时代，各种各样的手机客户端纷纷涌现，包括视频平台、音乐平台、咨询平台及购物平台等。利用大数据技术中的数据挖掘技术，购物平台能够分析用户的购物偏好，当用户下一次登录该购物平台时，平台终端会根据用户之前购买的商品，推送类似的商品。其他平台也是如此，利用数据挖掘技术，挖掘并记录用户习惯，进而推送相关信息。据此可知，根据用户的习惯，大数据技术中的数据挖掘技术可以对用户进行"画像"，以推断用户的年龄、性格、爱好以及消费等级等各项信息。不仅如此，通过数据挖掘技术，还可以科学判断用户的人口属性、兴趣、特征、资产情况、消费特征、常驻城市以及位置特征等信息，使画像更全面。

3. 在医疗领域的应用

大数据技术在推动医疗事业发展方面也具有重要作用。充分利用大数据技术中的数据分析技术以及数据挖掘技术，能够有效提升医疗行业的生产力，不断提升医疗行业的护理水平，为医疗事业的发展提供动力。现阶段，我国医疗领域应用大数据技术的现状可概括为以下两点：第一，利用大数据技术，可以促进对各种疾病的科学分类与总结，建立健全相应的专家库系统，有效提高医务人员的工作效率，降低患者的就医成本，减轻对患者的身体伤害；第二，医生利用大数据技术远程控制治疗过程，可以在一定程度上降低患者住院率，使资源得到最优化的配置。

4. 在教育领域的应用

随着科学技术的发展和教育改革的不断深化,大数据技术在教育领域内的应用越来越广泛。现阶段,大数据技术在我国教育领域内主要应用在以下三方面:第一,适应性教学方面;第二,教学规律发现方面;第三,校园信息化管理方面。例如,借助大数据技术,能够科学评价高考备考,及时发现学生学习过程中存在的问题,进行早期干预,帮助学生解决相关问题,从而在一定程度上提高学生的学习效率与学习质量。

5. 在生态系统中的应用

大数据在生态系统中也发挥着重要作用,涉及植被、土壤、海洋以及大气等各种生态数据。这些数据包含着大量的信息,并且非常复杂,传统的数据分析和处理技术很难对其进行分析和处理,所以必须利用大数据技术分析和处理各项生态系统数据信息。例如,在气象观测领域就可以科学地利用大数据技术来分析大气数据,将数据分析系统和数据处理算法结合起来,以精准地分析和处理气象数据。

6. 在农业领域中的应用

大数据在农业领域中的应用主要是指依据对未来商业需求的预测来进行产品生产。对农民来说,他们可以利用大数据技术对消费能力和趋势进行报告分析,按照市场需求进行生产,避免产能过剩,导致社会资源的浪费。同时,也能促进政府积极发挥政府职能,合理引导农业生产。影响农业生产的最主要因素是天气。利用大数据分析,能够更精确地预测未来的天气,从而帮助农民做好自然灾害预防工作,帮助政府实现农业的精细化管理。

7. 在金融行业中的应用

金融行业拥有丰富的数据,数据维度和数据质量也都很好,因此应用场景较为广泛。典型的应用场景有银行数据应用场景、保险数据应用场景、证券数据应用场景等。

(1) 银行数据应用场景

银行的数据应用场景比较丰富，基本集中在用户经营、风险控制、产品设计和决策支持等方面。而其数据可以分为交易数据、客户数据、信用数据、资产数据等，大部分数据都集中在数据仓库，属于结构化数据，可以利用数据挖掘技术分析一些交易数据背后的商业价值。

(2) 保险数据应用场景

保险数据应用场景主要是围绕产品和客户进行的，可以利用用户行为数据来确定车险价格，根据客户外部行为数据来了解客户需求，向客户精准推荐产品。

(3) 证券数据应用场景

证券行业拥有的数据类型有个人属性数据（姓名、联系方式、家庭地址等）、资产数据、交易数据、收益数据等。证券公司可以利用这些数据筛选目标客户，为用户提供适合的产品，提高单个客户收入。例如，借助数据分析技术，如果客户交易频率很低，收益也较低，可建议其购买公司提供的理财产品；如果客户交易频繁，收益又较高，可主动推送融资服务；如果客户交易不频繁，但每次的资金量较大，可为客户提供投资咨询等。对客户的交易习惯和行为进行分析，可以帮助证券公司获得更高的收益。

（二）大数据应用发展趋势

大数据应用的发展演变，可以从技术强度、数据广度和应用深度三个视角展开分析。在数据方面，逐步从单一内部的小数据向多源内外交融的大数据方向发展，数据多样性、体量逐渐增加。在技术方面，从过去以报表等简单的描述性分析为主，向关联性、预测性分析发展，最终向决策性分析技术阶段发展。在应用方面，传统的数据分析以辅助决策为主，在目前的大数据应用中，数据分析已经成为核心业务系统的有机组成部分。中国信息通信研究院调查显示，目前企业应用大数据所带来的主要效果包括实现智能决策、提高运营效率和改善风险管理。在调查中，企业表示将从以下几方面加大投入力度：

1. 大数据安全防护重点将转向综合治理

大数据时代，数据呈现出新的特征，企业出现了新的模式，这些因素都对数据安全防护提出了更高的要求。传统的数据安全防护技术已经很难满足大数据环境下的现实需求了。现阶段，大数据安全防护市场还有很大的发展空间，数据安全防护投入也比较少，大数据安全问题，尤其是人为因素导致的大数据安全问题比较严重，因此需要构建大数据安全防护体系。未来，做好核心数据资产的归集和防护、综合治理体制构建是大数据安全防护体系的重中之重。

2. 政府大数据将实现精确监管

在国内，大数据从信息化建设逐步转变为数据整合和数据应用。政府部门肩负着保护数据安全和管理数据资产的双重职责，掌握着绝大部分的高价值公共数据。为进一步提高政府服务能力和运行效率，政府部门应顺应大数据在数字经济和数字政府建设中的应用趋势，充分利用大数据技术，为政府在交通、社会信用、城市大脑、数字政府等方面进行精确监管和服务提供一定的帮助。

3. 金融大数据逐步走向安全高效、创新服务

目前，大数据在金融领域的应用非常广泛。金融监管日益完善，使得"强管控"成为金融大数据的主流应用场景。在未来，金融大数据可以汇集多元多维的数据，推出信用评估、出行服务等创新服务。例如，银行业不断升级个性化服务，做到精准高效，深入分析和解读客户需求，有针对性地

进行经营和管理，还可以提供金融反欺诈等新型金融服务，为实体经济的资金融通提供助力。

4.工业大数据将实现工业设备数据化、应用产品化

设备故障预测、智能排产、库存管理是目前工业大数据的应用重点。工业大数据受一些因素的影响，如解决方案的成本过高、工业企业的数据意识较弱、工业互联网盈利模式不明晰等，在很大程度上限制了工业大数据应用的快速发展。所以在未来，工业大数据要针对更精确的需求，实现从项目到标准产品的转变。

5.营销大数据将转向直接沟通、精细运营

营销大数据在应用数字技术的辅助下，能够精准推广产品和服务，进一步推动大数据商业化应用。营销大数据实现从"流量营销"向"精细运营"的转变，在到达目标用户时，不仅所用成本更低，还更加高效，从而实现精细化运营，有助于企业实现可持续的商业化变现。

三、大数据使用中的主要问题

（一）庞大的信息数据具有迷惑性

随着计算机的不断普及，人们对大数据的研究越来越深入。互联网作为一种媒介手段，能够使大量的信息数据被高效地运用在各行各业中。人们通过计算机能够整理、上传与共享信息，也能够搜寻到相应的信息，不仅搜寻方式多样，还更加高效。但是，面对数量庞大的数据，人们难以明辨真伪。互联网上充斥着各种各样的思想观念与价值观念，不良的思想容易给青少年儿童带来不利的影响，甚至对已具备辨别是非能力的成人也会产生一些影响。

（二）泄露个人隐私

1. 个人信息被买卖

使用计算机必然会安装各种各样的软件，下载、安装陌生软件存在一定的风险，很可能会泄露个人的信息。现阶段，大部分的应用软件都需要个人提供真实的信息，不然就无法使用，一些不良商家常常利用这一点来赚取非法收益，人们在使用相关软件时会输入个人信息，不良商家会将这些信息转卖给他人。

2. 个人信息被泄露

网络交往是大数据时代的常态，但"晒"朋友圈也可能泄露个人信息。在朋友圈发自拍、美食等图片，或与大家分享自己的心情，都有可能会暴露个人的住址信息。一些人利用计算机科技分析拍摄图片的背景，能够推断出图片的拍摄地和发布人地址等信息。有时候，随意点击一个链接，也有可能泄露个人信息。

（三）大数据采集面临的问题

数据采集是数据分析、二次开发利用的基础。但是由于大数据的数据来源错综复杂、种类繁多且规模巨大，这些有别于传统数据的特点使得传统的数据采集技术无法适应大数据的采集工作，所以大数据采集一直是大数据研究发展面临的巨大挑战之一。大数据面临的采集问题主要集中在以下三个方面：

首先，大数据的数据源分布广泛，数据来源错综复杂，导致数据质量参差不齐。在互联网、物联网以及社交网络技术发达的今天，每时每刻都有海量的数据产生，数据来源由原来比较单一的服务器或个人电脑终端逐渐扩展到手机、GPS、传感器等各种移动终端。面对错综复杂的数据源，如何准确采集、筛选出我们需要的数据是提高数据采集效率、降低数据采集成本的关键所在。

其次，数据异构性也是大数据采集面临的主要问题之一。由于大数据的数据源多、分布广泛，同时存在于各种类型的系统中，导致数据的种类繁多、异构性极高。虽然传统的数据采集也会面临数据异构性的问题，但是大数据时代的数据异构性显然更加复杂，如数据类型从以结构化为主转向结构化、半结构化、非结构化三者融合。据不完全统计，在目前采集到的数据中，非结构化和半结构化的数据占85%以上的比例。

最后，数据的不完备性主要是指常常无法采集到完整的数据，而出现这个问题的主要原因则在于数据的开放、共享程度较低。数据的整合开放一直都是充分挖掘大数据潜在价值的基石，而数据孤岛的存在会让大数据的价值大打折扣。数据的不完备性在降低数据价值的同时，也给数据采集带来了很大的困难。

（四）大数据存储成本与空间的矛盾

数据规模庞大和数据种类多样是大数据的两大基本特征，而这两大特征的存在使大数据对数据存储也有了新的技术要求。如何实现高效率、低成本的数据存储是大数据在存储方面面临的一个难题。大数据的数据规模庞大，需要消耗大量的存储空间。虽然存储成本一直在下降，但是全球的数据规模也出现了爆炸式的增长，所以大数据在数据存储方面面临的挑战依然不小。目前，基于磁性介质的磁盘仍然是大数据存储的主流介质，而且磁盘的读写速度在过去几十年中提升不大，未来出现革命性提升的概率也低。而基于闪存的固态硬盘一直被视为未来代替磁盘的主流存储介质，虽然固态硬盘具有高性能、低功耗、体积小的特点，得到了越来越广泛的应用，但其单位容量价格目前远高于磁盘，暂时还无法代替磁盘成为大数据的主流存储介质。

大数据在数据存储方面还面临的一个挑战就是存储性能问题。由于大数据的数据种类多样、异构程度高，所以传统的数据存储无法高效处理和存储这些复杂的数据结构，这给数据的集成和整合带来了很大的困难，因此需要设计合理高效的存储系统，以对大数据的数据集进行存储。同时，大数据对实时性的要求极高，数据集的规模庞大，所以对存储设备的实时性和吞吐率同样有着较高的要求。

（五）大数据分析实时处理不相适应

数据分析是大数据的核心部分之一。大数据的数据集本身可能不具备明显的意义，只有将各类数据集整合关联后，对其进行分析，才能从这些数据集中获得有价值的数据结论。数据集规模越大，其中包含的有价值数据的可能性就越大，但干扰因素也越多，分析、提取有价值数据的难度也就越大。大数据分析过程中存在诸多的挑战。传统的数据分析模式主要针对结构化数据展开，而大数据的异构程度极高，数据集中包括结构化、半结构化和非结构化三种类型的数据，而且半结构化和非结构化数据在大数据的数据集中占据的比例越来越大，给传统的分析技术带来了巨大的冲击和挑战。目前，非关系型数据分析技术能够高效处理非结构化数据，并且简单易用，正逐渐成为大数据分析技术的主流，但非关系型数据分析技术在应用性能等方面仍存在不少问题，所以大数据分析技术的研究与开发还需要继续进行。在很多应用场景中，数据中蕴含的价值往往会随着时间的流逝而下降，所以数据处理的实时性也成为大数据分析面临的另一个难题。目前，大数据实时处理方面已经有部分研究成果，但都不具备通用性。在不同的实际应用中，往往都需要根据具体的业务需求进行调整和改造。所以，目前大数据的实时处理面临着数据实时处理模式的选择和改进的问题。大数据分析技术和传统数据挖掘技术的最大区别主要表现在对数据的处理速度上，大数据的一秒定律（也称秒级定律）就是最好的体现。大数据的数据规模庞大，所以大数据分析在分析、处理的速度方面面临的挑战也不小。

第二章 计算机信息技术基础知识

第一节 信息及其应用

一、信息

什么是信息？通俗地讲，信息是有意义的消息。我们读报纸、看电视、打电话等都是为了获取外部世界的信息。

信息必须依附于某种载体，所谓载体是指承载信息的媒体，媒体可以是文字、图形、图像、声音等。信息往往以文字、图像、图形、语言、声音等形式出现。

信息和消息有区别，信息一定是消息，是消息中有意义、有价值的知识内容；消息不一定都是信息。

信息并非事物本身，而是自然界、人类社会和人类思维活动中普遍存在的一切物质和事物的属性，是物质存在的方式和运动规律的反映，是事物相互联系及作用的反映。信息可以脱离实际事物本身而被传送和处理。

信息和信号不同，信号是信息的传输载体，信息经过编码后变为信号。

人的五官可以感受信息，它们是信息的接收器，它们所感受到的一切，都是信息。当然，也有大量的信息是我们的五官不能直接感受的，人类正通过各种手段、发明各种仪器来感知它们、发现它们。信息是可以交流的，如果不能交流，信息就没有用处了。信息还可以被储存和使用。我们读过的书、听到的音乐、看到的事物、想到或者做过的事情，都是信息储存和使用的结果。

信息包含的内容可能是正确的，也可能是错误的；可能是科学的，也可能是非科学的。我们应学会筛选、鉴别、处理、使用各类信息，抵御不良信息的侵扰。

二、信息的表现形态

信息一般表现为文本、声音、图像和数据四种形态。

（一）文本

文本是指书面语言，它与口头语言不同，口头语言是声音的一种形式。文本可以用手写，也可以用机器印刷出来。

（二）声音

声音是指人们用耳朵听到的信息。目前，人们能听到的信息有两种——说话的声音和音响。无线电、电话、唱片、录音机等都是人们用来处理这种信息的工具。

（三）图像

图像是指人们用眼睛看见的信息。它们可以是黑白的，也可以是彩色的；可以是照片，也可以是图画；可以是艺术的，也可以是纪实的。

（四）数据

数据通常被人们理解为"数字"。从信息科学的角度来看，数据是指电子计算机能够生成和处理的所有数字、文字、符号等。当文本、声音、图像在计算机中被简化成 0 和 1 的原始单位（被转换成二进位制数）时，它们便成了数据。

三、信息的特性

第一，信息的不灭性。信息的不灭性是指一条信息产生后，其载体（如一本书、一张光盘）可以变换，可以被毁掉，但信息本身并没有被消灭。

第二，信息价值的时效性。一条信息在某一时刻价值非常高，但过了这一时刻，可能一点儿价值也没有。大部分信息具有非常强的时效性。

第三，信息的可量度性。信息可采用某种度量单位进行度量，并进行信息编码，如现代计算机使用的二进制。

第四，信息的可识别性。信息可采取直观识别、比较识别和间接识别等多种方式来把握。

第五，信息的可转换性。信息可以从一种形态转换为另一种形态。例如，自然信息可转换为语言、文字和图像等，也可转换为电磁波信号或计算机代码。

第六，信息的可存储性。信息可以存储。大脑就是一个天然信息存储器。文字、摄影、录音、录像以及计算机存储器等都可以进行信息存储。

第七，信息的可处理性。信息的可处理性是指信息能够被有效地收集、存储、处理和分析。

第八，信息的可传递性。信息可以通过多种渠道、采用多种方式进行传递，以实现信息从时间或空间上某一点向其他点的移动。语言、表情、动作、报刊、书籍、广播、电视、电话等都是人类常用的信息传递方式。

第九，信息的可再生性。信息经过处理后，能以其他形式再生成信息。

输入计算机的各种数据、文字等信息,可用显示、打印、绘图等方式再生成信息。

第十,信息的可压缩性。信息可以进行压缩,可以用不同的信息量来描述同一事物。人们常常用尽可能少的信息量描述一件事物的主要特征。

第十一,信息的可利用性。信息的可利用性是指信息可以被用于各种目的,如教育、研究、商业决策等。信息的可利用性强调了信息在实际应用中的重要性和实用性。

第十二,信息的可共享性。信息的可共享性是信息在一定的时空范围内可以被多个认识主体接收和利用。信息的可共享性,是信息与物质、能量的根本区别。物质、能量是守恒的,在交换过程中遵循等值补偿的原则。任何物和能在一定的时空范围内被某人占有、享用,他人就没有占有享用权,如果占有者将自己拥有的物或能转让给别人,那么他自己就失去了对这些物或能的占有享用权。信息则不同,信息交换之后,双方不仅都有享用的资格,还会巩固和增加新的信息。

四、信息的应用

信息的应用领域非常广泛。例如,科学探索、知识传播,生产流程的控制、管理(宏观管理和微观管理),娱乐(声像设备)以及人与人之间的交流等,都要应用信息。各行各业的发展本身就是信息发展的过程。

五、信息处理

信息处理一般包括收集、加工、传递、存储、使用等步骤。

（一）信息收集

信息收集是指通过各种方式获取我们需要的信息。信息收集是利用信息的第一步，也是关键的一步。收集到的信息的质量直接关系到整个信息管理工作的质量。

1. 信息收集的原则

为了保证信息收集的质量，应坚持以下原则：

（1）准确性原则

收集到的信息要真实、可靠；信息收集者必须对收集到的信息进行反复核实、不断检验，力求把误差降到最低限度，这是信息收集工作最基本的要求。

（2）全面性原则

收集到的信息要广泛、全面。只有广泛、全面地搜集信息，才能完整地反映管理活动和决策对象发展的全貌，为决策的科学性提供保障。

（3）时效性原则

一般情况下，信息从产生到被使用的时间间隔越短，其价值和效用越高；时间间隔越长，其价值和效用越低。因此，对信息的收集和把握应当坚持时效性原则。

2. 信息收集的方式

信息收集的方式有以下几种：

（1）社会调查

社会调查是获得真实、可靠信息的重要手段。社会调查是指运用观察、询问等方法直接从社会中了解情况、收集资料和数据的活动。利用社会调查收集到的信息是第一手资料，因此更加真实、可靠。

（2）建立情报网

信息必须准确、全面、及时，而靠单一渠道收集信息是远远达不到这个要求的，因此必须利用多种途径收集信息，即建立信息收集的情报网。严格来讲，情报网是指负责信息收集、筛选、加工、传递和反馈的整个工作体系，不仅指信息收集一个环节。

（3）文献检索

文献检索就是从浩繁的文献中检索出所需信息的过程。文献检索分为手工检索和计算机检索。手工检索主要是通过信息服务部门收集和建立的文献目录、索引、文摘、参考指南和文献综述等来查找有关的文献信息。计算机文献检索，其特点是检索速度快、信息量大，是当前收集文献信息的主要方法。

（4）实验方法

实验方法是指通过实验过程获取其他手段难以获得的信息或结论。实验方法也有多种形式，如实验室实验、现场实验、计算机模拟实验、计算机网络环境下人机结合实验等。

（二）信息加工

信息加工是指对收集到的原始信息按照一定的程序和方法进行分类、分析、整理、编制等，使其具有可用性。信息加工既是一种工作过程，又是一种创造性思维活动。

1. 信息加工的必要性

在信息处理过程中，对原始信息进行加工是必不可少的，原因如下：

第一，一般情况下，原始信息处于一种零散的、无序的、彼此独立的状态，既不能传递、分析，又不便于利用。对原始信息进行加工，可以将其转换成便于观察、传递、分析、利用的形式。

第二，人们难以分辨原始信息的真伪。对原始信息进行加工，可以对其进行筛选、过滤和分类，达到去粗取精、去伪存真的目的。加工后的信息更具条理性和系统性。

第三，通过加工，人们可以发现信息收集过程中的错误和不足，为信息收集积累经验。

第四，通过加工，人们可以通过对原始数据进行统计分析，编制数据模式和文字说明，使其产生更有价值的新信息。这些新信息对决策的作用往往更重要。

2. 信息加工的环节

由于信息量不同、信息处理人员的能力各异，信息加工又没有共同的模式，所以信息加工的环节也不相同。概括起来，信息加工可分为以下环节：

（1）分类

分类即对零乱无序的信息进行整理并分类，可以按时间、空间（地理）、事件、问题、目的和要求等标准来分类。

（2）比较

比较即对信息进行分析，从而鉴别和判断出信息的价值和时效性。

（3）综合

综合就是按一定的要求和程序对各种零散的数据资料进行综合处理，从而使原始信息成为更加有用的信息。

（4）研究

信息加工人员应对信息进行分析和概括，从而形成具有科学价值的新概念、新结论，为决策提供依据。

（5）编制

编制是将加工过的信息整理成易于理解、易于阅读的新材料，并对这些材料进行编目和索引,以便信息利用者方便地提取和利用。

以上这些加工环节可以递进进行,也可以同时或穿插、交叉进行。信息加工人员应注意各环节的相关性和制约性,使它们有机地结合起来。

3.信息加工的方法

信息加工的方法有许多种,其中,统计分析是最常用的一种方法。

统计分析是一种对统计资料进行科学分析和综合研究的工作。统计分析可以通过加工搜集到的大量的统计资料,揭示社会经济现象在一定时间、地点、条件下的具体数量关系。同时,根据这些数量关系探讨事物的性质、特征及其变化的规律,从而揭露事物的矛盾,提出解决矛盾的办法。

统计分析属于定量分析,它主要从数量上揭示社会经济现象,反映其发展规律,使人们正确、全面地认识客观现象。统计分析还可以通过对社会经济现象进行全面、系统的定量观察和综合分析,正确地描述、评价、预测社会经济发展的量变与质变过程,反映客观事物的总体状况及其内在联系。

4.信息加工的方式

信息加工的方式可分为手工方式和电子方式两大类。

(1)手工方式

利用手工放松处理资料历史悠久。但是,随着科学技术的发展,手工加工的概念也发生了变化,开始只依靠笔和纸,后来又加上算盘和小型计算器。这种方式的特点是所需工具较少、方法灵活、使用方便,因而被人们广泛采用。即使现在有了电子计算机,手工处理也是不可替代的。

(2)电子方式

电子计算机运算速度快、存储容量大,因此利用电子计算机可以加工大批量的数据。同时,计算机也为资料的更深入加工提供了条件。

利用电子计算机对信息进行加工大致可分为以下环节：

① 选择计算机。电子计算机可分为微型机、小型机、大型机和超大型机。根据资料的数量、加工精度等要求来选择适当的计算机，是利用计算机进行信息加工的关键一步。

② 资料编码。为了将原始数据方便地输入计算机，必须按照一定的规则对其进行编码。编码就是按照一定的规则把各种数据转化为计算机易于接受、易于处理的形式。例如，用 1 代表男，用 0 代表女，从而给性别编码。又如，给各省、自治区、直辖市编码，可用 01 代表北京、02 代表天津等。编码时要注意不重不漏，并且每一编码所代表的内容在实际分析时，都应具有独立的意义。

③ 选择计算机软件或自编程序。随着计算机的不断发展，一些为方便用户使用计算机的软件包应运而生。软件包就是一些实用工具的总称。即使不懂计算机、也不懂程序设计等任何计算机技术，只要稍加学习，也可以很方便地使用软件包中的工具。大部分软件包都具有处理数据的功能，因此利用软件包可以对大批量数据进行加工。当然，不同的软件包有不同的功能特点，在使用时要根据不同的目的进行选择。

另外，对于一些有特殊要求的数据，需要编制专用程序。

④ 数据录入。将数据录入计算机是一项工作量很大的工作。数据录入本身并不复杂，但是容易出错，因此必须对录入的数据进行检查。只有确保录入数据准确无误，才能保证加工结果正确可信。

⑤ 数据加工。数据录入以后，即可用已选定的软件包或自编软件对这些数据进行加工处理。

⑥ 信息输出。数据加工完毕后，计算机可按软件规定的格式将加工结果显示在屏幕上或输送到打印机上。至此，信息加工的整个过程基本结束。

⑦ 信息存储。加工以后的信息若不立即使用，则应存入计算机硬盘内或软盘内，待使用时再调出来显示或打印。

（三）信息传递

1. 信息传递的重要性

一般情况下，信息提供者和利用者可能不同，信息的提供地和利用地也可能不同，因此信息只有通过传递才能体现其价值、发挥其作用。特别是行政信息，只有通过不断传递，才能为决策者及时提供决策的依据。

2. 信息传递的方式

信息传递的方式多种多样。

（1）按照传递信息的流向划分

按照传递信息流向的不同，信息传递可分为单向传递、反馈传递和双向传递三种方式。

① 单向传递。单向传递是指由传递者到接收者的单方向传递。

② 反馈传递。反馈传递是指先由接收者向传递者提出要求，再由传递者将信息传给接收者，如下级行政机关根据上级机关的要求上报各种数据报表、反映情况、汇报工作等。

③ 双向传递。双向传递是指传递者和接收者互相传递信息，传递者和接收者都是双重身份，都既是传递者又是接收者，如经验交流会、上下级之间的请示和批复等。

（2）按信息传递时信息量的集中程序划分

按信息传递时信息量的集中程序不同，信息传递可分为集中和连续两种方式。

① 集中式。集中式是指时间集中、信息量大的传递。

② 连续式。连续式是指不间断、持续的传递方式。

（3）按信息传递的范围或与环境的关系划分

按信息传递范围或与环境关系的不同，信息传递可分为内部传递和外部传递两种方式。

3. 信息传递的基本要求

信息传递的基本要求是速度快。如为了使传递速度快，可以减少信息传递的中间环节、缩短信息传递的渠道，也可以利用一些现代化的传输手段，如电话、电报、传真、计算机联网、有线远程通信、无线通信和移动通信等。

（四）信息存储

如前所述，信息有四种形态。信息存储通常是指用信息的一种形态来获得信息，并将其保存下来备用。信息存储是跨越时间来传输信息，而信息传输则是跨越空间来传输信息。

1. 信息存储的意义和手段

有些信息在收集、加工处理完毕后，并不会马上就被利用，在这种情况下，需要将这些信息先保存起来。另外，一些有价值的信息在使用过后，还有第二次、第三次使用的价值，也需要将这些信息保存起来。所以，研究信息如何存储是非常有意义的。

随着信息量的增加，需要存储的信息越来越多，对信息存储的要求也越来越高。因此，传统的手工存储已满足不了需要，必须借助现代化手段，如电子计算机、缩微技术等。

2. 信息存储的注意事项

信息存储要注意以下一些问题：

（1）存储的资料要安全可靠

对各种自然的、技术的因素可能造成的资料毁坏或丢失，必须制定相应的处理和防范措施。利用计算机存储资料，要注意计算机病毒的侵袭和不法分子的捣乱破坏，也要防止误操作对资料造成的损坏。为此，要制订机房规章制度，非操作员不允许接触计算机。

（2）大量资料存储，要节约存储空间

计算机存储要运用科学的编码体系，缩短相同信息所需的代码，从而节约空间。

（3）信息存储必须存取方便、迅速

信息存储必须满足存取方便、迅速的要求，否则就会给信息的利用带来不便。计算机存储应对数据进行科学、合理的组织，要按照信息本身和它们之间的逻辑关系进行存储。

（五）信息使用

1. 信息使用的内涵

美国学校图书馆管理员协会提出，信息使用有两个基本含义：① 通过阅读、听、观看和接触，吸收各类资源提供的信息。② 从资源中抽取相关的信息，抽取信息的方式包括阅读图书、期刊、书目和索引等。阅读可以帮助提高对不同观点的识别能力，形成批判式的思维方式。

2. 信息使用的行为层次

信息使用行为分为两个层次：① 从资源中抽取信息。例如，阅读、理解印刷资料所提供的信息。② 准确、综合地分析信息。通过评价信息源、统计数据和书目格式，判断信息质量。基本层次的信息使用是指正确应用各类信息源，包括互联网及传统印刷源；高层次的信息使用是指通过信息使用辨别不同的观点。

第二节　信息技术、信息系统与信息社会

一、信息技术

信息技术是指对信息进行收集、加工、储存、传递等的相关技术。信息技术可以是电子的，也可以是激光的、机械的或生物的。信息技术的研究与开发，极大地提高了人类信息应用能力，使信息成为人类生存和发展不可缺少的一种资源。

（一）信息技术的主要组成部分

信息技术可分为计算机技术、多媒体技术、数字技术、传感技术、微电子技术、网络技术等。

1. 计算机技术

计算机技术是信息技术的一个重要组成部分。计算机从其诞生起，就被用于处理大量信息。随着计算机技术的不断发展，它处理信息的能力也在不断提高。计算机发展史可以被看作人们创造设备来收集和处理日益复杂的信息的过程。目前，计算机已经渗透到人类社会生活的每一个方面，现代信息技术一刻也离不开计算机技术。

2. 多媒体技术

多媒体技术是 20 世纪 80 年代才兴起的一门技术，是指通过计算机对文字、数据、图形、图像、动画、声音等多种媒体信息进行综合处理和管理，使用户可以通过多种感官与计算机进行实时信息交互的技术，又称为计算机多媒体技术。

3. 数字技术

数字技术是一项与电子计算机相伴相生的科学技术，它是指借助一定的设备将各种信息，包括图片、文字、声音等，转化为电子计算机能识别的二进制数字"0"和"1"后进行运算、加工、存储、传送、传播、还原的技术。数字技术也称数字控制技术。

数字技术的特点如下：

① 一般都采用二进制。

② 抗干扰能力强、精度高。

③ 数字信号便于长期储存，因此大量可贵的信息资源得以保存。

④ 保密性好，可以进行加密处理，使一些可贵信息资源不易被窃取。

⑤ 通用性强。

4. 传感技术

传感技术就是传感器的技术，可以感知周围环境或者特殊物质，如气体感知、光线感知、温湿度感知、人体感知等，把模拟信号转化成数字信号，给中央处理器处理，最终形成气体浓度参数、光线强度参数、范围内是否有人探测、温度湿度数据等，显示出来。

从物联网角度看，传感技术是衡量一个国家信息化程度的重要标志。

5. 微电子技术

微电子技术是随着集成电路，尤其是超大型规模集成电路而发展起来的一门新的技术。微电子技术是研究信息载体的技术，构成了信息科学的基石，其发展水平直接影响整个信息技术的发展水平。

从本质来看，微电子技术的核心在于集成电路，它是在各类半导体器件不断发展过程中形成的。在信息化时代，微电子技术对人类生产、生活都产生了极大的影响。

6. 网络技术

网络技术是从 20 世纪 90 年代中期发展起来的新技术，它把互联网上分散的资源融为有机整体，实现资源的全面共享和有机协作，使人们能够提高使用资源的整体能力并按需获取信息。上述的资源包括高性能计算机、存储资源、数据资源、信息资源、知识资源、专家资源、大型数据库、网络、传感器等。

（二）信息技术革命

迄今为止，人类社会已经发生过四次信息技术革命。

1. 第一次信息技术革命

第一次信息技术革命是人类创造了语言和文字。语言的产生是历史上最伟大的信息革命，成为人类社会化信息活动的首要条件。文字的创造在人类文明史上非常重要，它将人们的思维、语言、经验以及社会现象记录下来，使文化得以传播交流、世代传承，人类自此有了文字记录的历史。

2. 第二次信息技术革命

第二次信息技术革命是造纸和印刷技术的出现。造纸术的发明和推广，对世界科学、文化的传播和发展产生了重大而深刻的影响，对社会的进步和发展具有重要作用。印刷术为知识的广泛传播、文化与文明交流创造了条件，是人类近代文明的先导。

3. 第三次信息技术革命

第三次信息技术革命是电报、电话、广播、电视的发明和普及。第三次信息技术革命以在电磁学理论为基础，以电信传播技术的发明为特征。广播和电视的发明把纸质媒体的发行问题变成了收听和收视率问题，也逐步形成了媒体信息传播"中央复杂，末端简单"的基本规律。

4.第四次信息技术革命

第四次信息技术革命是互联网的发明和普及应用。第四次信息技术革命是在计算机发明的基础上，实现局部联网，再发展到互联网的普及应用。人类交流信息不仅不受时间和空间的限制，彻底颠覆了"中央复杂，末端简单"的信息传播规律，逐步实现了人类知情权的平等，还可利用互联网收集、加工、存储、处理、控制信息。

（三）信息技术的发展趋势

信息技术的发展趋势主要表现在如下几个方面：

1.数字化

信息技术的数字化发展非常迅速，数字化最大的优点就是便于大规模生产、便于综合，可大大降低成本。

2.高速化、大容量化

无论是通信还是计算机，它们的速度越来越高、容量越来越大。

3.个人化

个人化即可移动性和全球性。一个人在世界上任何地方都可以使用同样的通信手段，访问全球的信息资源，进行信息处理。

4.多元化

21世纪的信息技术将由电子信息向光子和生物信息技术方向发展，信息的搜集和存储技术将更全面、更广泛、更海量；信息的加工、处理技术将向智能化、快速化、自动化发展；信息的传输、交流技术将向宽带化、多媒体化发展。

二、信息系统概述

（一）信息系统的概念

信息系统是与信息加工、信息传递、信息存储及信息使用等有关的系统。它被定义为由计算机硬件、软件、网络通信设备、信息资源、信息用户和规章制度组成的用于处理信息流的人机一体化系统。任何一类信息系统都由信源、信道和信宿（通信终端）三者构成。先前的信息系统并不涉及计算机等现代技术，但是随着现代通信与计算机技术的发展，信息系统的处理能力得到了很大的提高。现在的各种信息系统已经离不开现代通信与计算机技术，现在所说的信息系统一般指人、机共存的系统，信息系统一般包括管理信息系统、决策支持系统、专家系统和办公自动化系统。

（二）常见的信息系统

1. 管理信息系统

管理信息系统是从 20 世纪 60 年代发展起来的，20 世纪 80 年代后期受到广泛运用。管理信息系统是一个由计算机及其他外围设备等组成的能进行信息收集、传递、储存、加工、维护和使用的系统。管理信息系统具有资产管理、经营管理、行政管理、生产管理和系统维护等功能，是现代企业管理的有力工具。

2. 决策支持系统

决策支持系统是一种帮助决策者利用数据、模型和知识来解决半结构化或非结构化问题的交互式计算机系统。它最早用于财务管理，现广泛应用于各种类型的企业管理中。决策支持系统能取代局部或专用管理信息系统的大部分功能，是一个较为专业化的信息系统。

3. 专家系统

专家系统产生于 20 世纪 60 年代中期，是人工智能领域的一个分支。它被定义为一个具有大量专门知识的计算机智能信息系统，可以运用知识和推理技术模拟人类专家来解决各类复杂问题。

4. 办公自动化系统

办公自动化系统是一种利用计算机和网络技术，使企业员工方便、快捷地共享部门信息，高效地协同工作，最终实现信息全面采集和处理，为企业的决策和管理提供保障的系统。它具有以下几个方面的功能：实现办公流程的自动化、搭建信息交流平台、促进文档管理的自动化、搭建知识管理平台、辅助办公、实现分布式办公。

三、信息社会

信息社会，是以电子信息技术为基础、以信息资源为基本发展资源、以信息服务性产业为基本社会产业、以数字化和网络化为基本社会交往方式的新型社会。

在农业社会和工业社会中，物质和能源是主要资源，人们从事的是大规模的物质生产。而在信息社会中，信息成为比物质和能源更为重要的资源，以开发和利用信息资源为目的的信息经济活动迅速扩大，逐渐取代工业生产活动而成为国民经济活动的主要内容。

在信息社会中，信息经济在国民经济中占据主导地位，并构成社会信息化的物质基础。以计算机、微电子和通信技术为主的信息技术革命是社会信息化的动力源泉。信息技术在生产、科研、教育、医疗、保健、企业和政府管理以及家庭中的广泛应用对经济和社会发展产生了巨大而深刻的影响，从根本上改变了人们的生活方式、行为方式和价值观念。

信息社会的特点如下：

① 在信息社会中，信息、知识成为重要的生产力要素，和物质、能量一起构成社会赖以生存的三大资源。

② 信息社会的经济是以信息经济、知识经济为主导的经济，农业社会是以农业经济为主导，工业社会是以工业经济为主导。

③ 在信息社会，劳动者的知识成为基本要求。

④ 在信息、知识的作用下，科技与人文更加紧密地结合起来。

⑤ 人类生活不断趋向和谐，社会可持续发展。

信息社会是利用信息技术和信息资源来转化和创造价值的社会形态。信息社会的出现对经济、社会、文化、政治和个人发展等各个领域产生了深远影响。

第三节　信息在计算机中的表示

计算机可以处理各种各样的信息，包括数值、文字、图像、图形、声音、视频等，这些信息在计算机内部都是运用二进位来表示的。

一、数值在计算机中的表示

数值信息指的是数学中的代数值，具有量的含义，且有正负、整数和小数之分。计算机中的数值信息分为整数和实数两大类，它们都是用二进制表示的，但表示方法有很大差别。本文主要介绍整数。

整数不使用小数点，或者说小数点始终隐含在个位数的右边，所以整数也称为定点数。

整数又可以分为两类：不带符号的整数（也称无符号整数），这类整数一定是正整数；带符号的整数，既可表示正整数，又可表示负整数。

（一）无符号整数

这类整数常用于表示地址、索引等，它们可以是1字节、2字节、4字节、8字节，甚至更多。

（二）带符号整数

带符号整数是指在计算机中表示的整数，用最高位（最左边一位）来表示符号位，用0表示正号，用1表示负号，其余各位表示数值。

带符号整数的数值部分在计算机中有以下三种表示方法：

1. 原码表示法

最高位为符号位，其余位表示数值的大小，这种表示方法与日常使用的十进制表示方法一致，比较简单、直观；但对减法来说，运算比较烦琐，不便于 CPU 的运算处理。

2. 反码表示法

反码表示法规定，正整数的反码与其原码相同；负整数的反码，除了符号位，其他数值部分是对其原码逐位取反形成。在一个字节中，带符号的整数用原码或反码来表示。

3. 补码表示法

补码表示法规定，正整数的补码与其原码相同；负整数的补码是在其反码的末位加 1。使用补码表示法来表示数据，能够统一加法与减法的运算规则。目前，计算机内一般采用补码的形式来表示整数。

二、文字在计算机中的表示

（一）西文字符的编码

日常使用的书面文字是由一系列称为字符的符号构成的。计算机中常用字符的集合称为字符集。字符集中的每一个字符在计算机中都有唯一的编码（即字符的二进制编码）。

西文字符集由拉丁字母、数字、标点符号及一些特殊符号组成。目前，国际上使用最多、最普遍的字符编码是 ASCII 码。ASCII 码即美国信息交换标准代码。标准 ASCII 码也叫基础 ASCII 码，使用 7 位二进制数（剩下的 1 位二进制为 0）来表示所有的大写和小写字母，数字 0 到 9、标点符号，以及在美式英语中使用的特殊控制字符。

（二）汉字的编码

汉字也是字符，与西文字符相比，汉字数量多、字形复杂、同音字多，为了能直接使用西文标准键盘输入汉字，必须为汉字设计相应的编码，以适应计算机处理汉字的需要。

1.国标码

国家标准代码，简称国标码，又称汉字交换码。为了适应计算机处理汉字信息的需要，1980年我国发布了《信息交换用汉字编码字符集基本集》（以下简称《标准》）。这是我国第一个汉字编码国家标准，也称GB2312编码。该《标准》共收录了6763个汉字，其中一级汉字3755个、二级汉字3008个。此外，还收录了682个非汉字图形字符，包括拉丁字母、希腊字母、日文平假名及片假名字母、俄语西里尔字母等。GB2312编码将汉字和符号分为94个区，每个区有94个位，通过区位码进行编码。

2.区位码

在国标码中，所有的常用汉字和图形符号组成了一个94行×94列的矩阵，每一行的行号称为区号，每一列的列号称为位号。区号和位号都由两个十进制数表示，区号编号是01至94，位号编号也是01至94。由区号和位号组成的四位十进制编码就是该汉字的区位码。其中，区00号在前，位号在后，并且每一个区位码对应唯一的汉字。例如，汉字"啊"的区位码是"1601"，表示汉字"啊"位于16区的01位。

二、图像在计算机中的表示

计算机的数字图像按其生成方法可以分成两类：一类是通过扫描仪、数码相机等设备从现实世界中获取的图像，它们被称为取样图像、点阵图像或位图图像,以下简称图像;另一类是使用计算机合成(制作)的图像,它们被称为矢量图形,或简称图形。

(一)数字图像的获取

从现实世界中获得数字图像的过程称为图像获取。图像获取的过程实质上就是模拟信号的数字化过程,它的处理步骤大体分为四步。

第一,扫描,将图像划分为 M(行)×N(列)个网格,每个网格称为一个取样点。这样,一幅模拟图像就转换为 M(行)×N(列)个取样点组成的一个阵列。

第二,分色,将彩色图像取样点的颜色分解成三个基色(如 R、G、B 三基色,即红色、绿色、蓝色),如果不是彩色图像(即灰度图像或黑白图像),则不必进行分色。

第三,取样,测量每个取样点每个分量的亮度值。

第四,量化,对取样点每个分量的亮度值进行 A/D 转换,即把模拟量转换成数字量(一般是 8 位至 12 位的正整数)。

通过上述方法获取的数字图像称为取样图像,它是静止图像的数字化表示形式,通常简称为"图像"。

在获取数字图像的过程中使用的设备通常称为数字图像获取设备,它的主要功能是将现实的景物输入计算机内,并以取样图像的形式表示。

常用的数字图像获取设备有电视摄像机、数码摄像机、扫描仪和数码照相机。

电视摄像机的核心部件是光电转换部件,目前大多数感光基元为电荷耦合器件。电荷耦合器件可以将照射在其上的光信号转换为对应的电信号。该设备小巧、工作速度快、成本低、灵敏度高,多作为实时图像输入设备使用；但电视摄像机拍摄的图像灰度层次较差，非线性失真较大，有黑斑效应，在使用中需要校正。

数码摄像机，简称DV。数码摄像机具有清晰度高、色彩更加纯正、无损复制、体积小、质量小等特点。

扫描仪是将图片、照片、胶片及文稿资料等各种形式的图像信息输入计算机的重要工具，其特点是精度和分辨率高。扫描仪由于其良好的精度和低廉的价格，已成为目前广泛使用的图像数字化设备。但用扫描仪获取图像信息速度较慢，不能实现实时输入。

数码照相机是一种能够进行景物拍摄，并以数字格式存放拍摄图像的照相机。数码照相机的感光器件可以对亮度进行分级，但并不能识别颜色。为此，数码照相机使用了红、绿和蓝三个彩色滤镜，当光线从红、绿、蓝滤镜中穿过时，就可以得到每种色光的反应值，再通过软件对得到的数据进行处理，从而确定每一个像素点的颜色。生成的数字图像被传送到照相机的一块内部芯片上，该芯片负责把图像转换成相机内部的存储格式（通常为JPEG格式）。最后，把生成的图像保存在存储卡中。数码照相机通过USB接口与计算机相连，将拍摄的图像传输到计算机中，以备后续使用。

（二）数字图像的表示

从取样图像的获取过程可以知道，一幅取样图像由M（行）×N（列）个取样点组成，每个取样点是组成取样图像的基本单位，称为像素（简写为PEL）。彩色图像的像素由多个彩色分量组成，黑白图像的像素只有一个亮度值。

取样图像在计算机中的表示方法是：单色图像用一个矩阵来表示，彩色图像用一组（一般是三个）矩阵来表示；矩阵的行数称为图像的垂直分辨率，列数称为图像的水平分辨率，矩阵中的元素是像素颜色分量的亮度值，用整数表示，一般是 8 位至 12 位。

在计算机中存储的每一幅取样图像，除了所有的像素数据，还必须给出如下一些关于该图像的描述信息（属性）：

1. 图像大小

图像大小，也称图像分辨率（包括垂直分辨率和水平分辨率）。若图像大小为 400×300，则它在 800×600 分辨率的屏幕上以 100% 的比例显示时，只占屏幕的 1/4。若图像超过了屏幕（或窗口）大小，则屏幕（或窗口）只显示图像的一部分，用户需操纵滚动条才能看到全部图像。

2. 颜色空间的类型

颜色空间的类型，指彩色图像使用的颜色描述方法，也称颜色模型。

RGB（红、绿、篮）模型，CMYK（青、品红、黄、果）模型，在显示器中使用。

HSV（色彩、饱和度、亮度）模型，在彩色打印机中使用。

YUV（亮度、色度）模型，在彩色电视信号传输时使用。

HSB（色彩、饱和度、亮度）模型，在用户界面中使用。

从理论上讲，这些颜色模型都可以相互转换。

3. 像素深度

像素深度，即像素的所有颜色分量的二进位数之和，它决定了不同颜色（亮度）的最大数目。

4. 位平面数目

位平面数目，即像素的颜色分量的数目。黑白或灰度图像只有一个位平面，彩色图像有三个或更多的位平面。

BMP 是 Windows 操作系统中的标准图像文件格式，被广泛使用。它采用位映射存储格式，除了图像深度可选，不采用其他任何压缩。因此，BMP 文件占用的空间很大。BMP 文件的图像深度可选 1 位、4 位、8 位及 24 位。BMP 文件存储数据时，图像的扫描是按从左到右、从下到上的顺序进行的。在 Windows 环境中运行的图形图像软件都支持 BMP 图像格式。

TIF 图像文件格式是一种灵活的位图格式，主要用来存储包括照片和艺术图在内的图像。

GIF 是目前互联网上广泛使用的一种图像文件格式，它的颜色数目较少（不超过 256 色），文件特别小，适合互联网传输，在网页制作中被大量使用。GIF 图片支持透明度、压缩、交错和多图像图片，压缩率一般在 50% 左右，它不属于任何应用程序。目前，几乎所有相关软件都支持 GIF 格式。GIF 图像文件的数据是经过压缩的，而且采用了可变长度等压缩算法。GIF 格式的另一个特点是在一个 GIF 文件中可以储存多幅彩色图像。如果把存于一个 GIF 文件中的多幅图像数据逐幅读出并显示到屏幕上，就可构成一种最简单的动画。

PNG 是一种无损压缩的图像文件存储格式，其设计目的是替代 GIF 和 TIFF 格式，同时增加一些 GIF 格式不具备的特性。PNG 是目前最不失真的格式，存储形式丰富，能把图像文件压缩到极限，以利于网络传输，但又能保留所有与图像品质有关的信息，显示速度快，支持透明图像的制作。PNG 用来存储灰度图像时，灰度图像的深度可多到 16b；存储彩色图像时，彩色图像的深度可多到 48 位。PNG 一般应用于 Java 程序或网页中，原因是它压缩比高、生成文件占用空间小。

5.数字图像的处理和应用

（1）数字图像处理

使用计算机对图像进行去噪、增强、复原、分割、提取特征、压缩、存储、检索等操作处理，被称为数字图像处理。一般来讲，对图像进行处理的主要目的有以下几个：

① 提高图像的视感质量。比如，对图像的亮度和彩色进行变换，增强或抑制某些成分，对图像进行几何变换，包括特技或效果处理等，以提高图像的质量。

② 图像复原与重建。比如，去除图像中的噪声，改变图像的亮度、颜色；增强图像中的某些成分，抑制某些成分；对图像进行几何变换等，从而提高图像的质量，以达到或真实的，或清晰的，或色彩丰富的，或意想不到的艺术效果。

③ 图像分析。提取图像中的某些特征或特殊信息，为图像的分类、识别、理解或解释创造条件。图像分析主要用于计算机分析，经常用作模式识别、计算机视觉的预处理。

④ 图像数据的变换、编码和数据压缩，以更有效地进行图像的存储和传输。

⑤ 图像的存储、管理、检索，以及图像内容与知识产权的保护等。

（2）常用的图像编辑处理软件

常用的图像编辑处理软件有 Adobe 公司的 Photoshop、Windows 操作系统附件中的网图软件和映像软件、Office 软件中的 Microsoft Photo Editor、Ulead System 公司的 Photo Impact、ACDSystem 公司的 ACDSee32 等。

（3）数字图像的应用

随着计算机技术的发展，图像处理技术已经深入到我们生活中的方方面面。

① 通信工程方面。当前，通信的主要发展方向是声音、文字、图像和数据相结合的多媒体通信。具体地讲，是将电话、电视和计算机以三网合

一的方式在数字通信网上传输。其中,以图像通信最为复杂和困难,图像的数据量巨大,如传送彩色电视信号的速率达100Mb/s以上。要将这样高速率的数据实时传送出去,必须采用编码技术来压缩信息的比特量。

② 生物医学工程方面。数字图像处理在生物医学工程方面的应用十分广泛,而且很有成效。CT技术是比较常用的一种图像处理技术。数字图像处理也用于对医用显微图像进行处理、分析等。此外,超声波图像处理、心电图分析、立体定向放射治疗等方面也都广泛地应用图像处理技术。

③ 工业和工程方面。比如,在自动装配线中检测零件的质量,并对零件进行分类;印刷电路板疵病检查;弹性力学照片的用力分析;流体力学图片的阻力和升力分析;邮政信件的自动分拣;在一些有毒、放射性环境内识别工件及物体的形状和排列状态;等等。

④ 机器视觉。机器视觉作为智能机器人的主要感觉器官,主要进行三维景物理解和识别,是目前正在研究的热点之一。机器视觉主要用于负责军事侦察的自主机器人,提供邮政、医院和家庭服务的智能机器人,装配线工件识别、定位等。

⑤ 军事、公安、档案管理等其他方面的应用。图像处理和识别主要用于对各种侦察照片进行判读,如具有图像传输、存储和显示功能的军事自动化指挥系统;飞机、坦克和军舰模拟训练系统等;公安业务图片的判读、分析,指纹识别、人脸鉴别、不完整图片的复原,以及交通监控、事故分析等。

⑥ 娱乐休闲方面的应用。例如,电影特效制作、视频播放等。

第四节　信息的检索与判别

一、信息检索的基本原理

20世纪70年代，国外就有人预言，电子计算机和光纤通信技术的问世及其结合将引起信息检索技术的革命。20世纪80年代，光存储技术的应用促进了传统信息检索系统的改变。20世纪90年代，互联网和内联网的广泛使用彻底改变了人们的生活与工作方式，也使信息检索领域发生了根本的变革，网络数据库大量涌现，成千上万的信息用户成了网络系统的最终用户。网络数据库除原有的二次信息之外，还出现了越来越多的全文本数据库、事实数据库、数值数据库、图像数据库和其他多媒体数据库等信息资源。因此，传统的手工信息检索技术已远远不能适应现代科学技术发展的需要，用户快、准、全的信息需求需要通过现代信息检索技术来实现，网络系统中的全文检索、多媒体检索、超媒体检索、超文本检索、光盘技术、联机检索和网络检索等先进的计算机检索技术得以迅速发展。

计算机信息检索是指人们在计算机或计算机检索网络的终端机上，使用特定的检索指令、检索词和检索策略，从计算机检索系统的数据库中检索出所需信息，继而用终端设备进行显示或打印的过程，即利用计算机，根据用户的提问，在一定时间内从经过加工处理并已存贮在计算机存贮介质内的信息集合中查出所需信息的一种检索方式，简称机检。

为了实现计算机信息检索，必须事先对大量的原始信息进行加工处理，以数据库的形式存储在计算机介质中，所以计算机信息检索从广义上讲包括信息存储和信息检索两个方面。

（一）计算机信息存储过程

计算机信息存储的具体做法是采用手工或者自动方式，对大量的原始信息进行加工，对收集到的原始文献进行主题概念分析，根据一定的检索语言抽取出主题词、分类号及文献的其他特征进行标识或者写出文献的内容摘要，然后把这些经过"附处理"的数据按一定格式输入计算机存储起来，计算机在程序指令的控制下对数据进行处理，形成机读数据库，存储在存储介质（如磁盘、磁带、光盘或者网络空间）中，完成信息的加工存储过程。

（二）计算机信息检索过程

用户对检索课题进行分析，明确检索范围，理清主题概念，然后用系统检索语言来表示主题概念，形成检索标识及检索策略。输入计算机进行检索，计算机按照用户的要求将检索策略转换成一系列提问，在专用程序的控制下进行高速逻辑运算，选出符合要求的信息输出。计算机检索的过程实际上是一个比较、匹配的过程，检索提问只要与数据库中的信息的特征标识及其逻辑组配关系一致，则属"命中"，即找到符合要求的信息。

二、计算机信息检索系统

计算机信息检索系统从物理构成上说，包括计算机硬件、软件、数据库、通信线路和检索终端五个部分。

硬件和软件是必备条件；数据库是检索的对象；通信线路是联系检索终端与计算机的桥梁，主要起到确保信息传递畅通的作用。

一般而言，软件由计算机信息检索系统的开发商制作，通信线路硬件和检索终端只要满足计算机信息检索系统的要求即可，不需要检索者多加考虑。对检索者来说，他们必须了解的是数据库的结构和类型，以便根据不同的检索要求选择合适的数据库和检索途径。

（一）数据库的概念

数据库是指计算机存储设备上存放的相互关联的数据的有序集合，是计算机信息检索的重要组成部分。数据库通常由若干个文档组成，每个文档又由若干个记录组成，每条记录则包含若干字段。

字段是比记录更小的单位，是组成记录的数据项目。反映信息内外特征的每个项目，在数据库中叫字段，这些字段分别给一个字段名，如论文的题目字段，其字段名为 TI，著者字段名为 AU。

记录是由若干字段组成的信息单元，每条记录均有一个记录号，与手工检索工具的文摘号类似。一条记录描述了一个原始信息的相关信息，记录越多，数据库的容量就越大。

文档是数据库中一部分记录的有序集合，在一些大型联机检索系统中被称作文档，在检索中只需输入相应的文档号，就能进行不同数据库的检索。

例如，某个检索数据库将不同年限收录的文献归入不同的文档，文档中每篇文献是一条记录，而篇名、著者、出处、摘要等外部和内部特征就是一个个字段。

（二）数据库的类型

1. 书目数据库

书目数据库是机读的目录、索引和文摘检索工具，检索结果是文献的线索而非原文，如许多图书馆提供的基于网络的联机公共检索目录等。

2. 数值数据库

数值数据库主要储存的是数值数据,如美国国立医学图书馆编制的化学物质毒性数据库 RTECS,储存了 10 万多种化学物质的急慢性毒理实验数据。

3. 全文数据库

全文数据库存储的是原始文献的全文,有的是印刷版的电子版,有的是纯电子出版物,如中国学术期刊(光盘版)。

4. 事实数据库

事实数据库存储的是指南、名录、大事记等参考工具书的信息,如中国科技名人数据库。

5. 超文本型数据库

超文本型数据库存储声音、图像和文字等多种信息,如美国的蛋白质结构数据库 PDB,该数据库可以检索蛋白质大分子的三维结构。

三、计算机信息检索技术的判别

在实际的检索过程中,许多时候并不是进行简单的计算机操作就能够检索到所需信息,特别是在检索较为复杂的信息时,没有经验的用户会因为一些技术问题而耽误时间。这就需要用户掌握检索的基本技术,根据需要,选择最适合自己的和符合所检数据库特点的检索技术,以提高检索效率。检索基本技术主要有以下几种:

(一)布尔逻辑检索

布尔逻辑检索是一种比较成熟的、较为流行的检索技术。在检索信息时,利用布尔逻辑算符进行检索词的逻辑组配,是一种常用的检索技术,故称布尔算符。布尔逻辑符有三种，即逻辑"与"（AND）、逻辑"或"（OR）和逻辑"非"（NOT）。布尔逻辑算符在检索表达式中起着逻辑组配的作用，能把一些具有简单概念的检索单元组配成为一个具有复杂概念的检索式，从而更加准确地表达用户的信息需求。

1. 逻辑"与"

逻辑"与"用"*"或"AND"算符表示，是一种具有概念交叉或概念限定关系的组配。逻辑"与"表示它所连接的两个检索词必须同时出现在检索结果中。逻辑"与"能增强检索的专指性，缩小检索范围。

2. 逻辑"或"

逻辑"或"用"+"或"OR"算符表示，是一种具有概念并列关系的组配，表示它所连接的两个检索词，在检索结果里出现任意一个即可。逻辑"或"可使检索范围扩大，相当于增加检索主题的同义词，同时能起到去重的作用。

3. 逻辑"非"

逻辑"非"用"¬"或"NOT"算符表示，是一种具有概念排除关系的组配，表示它所连接的两个检索词应从第一个概念中排除第二个概念。逻辑"非"用于排除不希望出现的检索词，它和逻辑"与"的作用类似，能够缩小检索范围，增强检索的准确性。

布尔逻辑算符的运算次序如下：

对于一个复杂的，逻辑检索式，检索系统是从左向右进行处理的。在有括号的情况下，先执行括号内的逻辑运算；有多层括号时，先执行最内层括号中的运算，再逐层向外执行。在没有括号的情况下，AND、OR、NOT 的运算顺序在不同的系统中有不同的规定。

（二）位置算符

位置算符也称词位检索、邻近检索，表示两个或多个检索词之间的位置邻近关系，常用的有以下几种：

1.（W）与（nW）算符

W 是 with 的缩写，（W）表示在此算符两侧的检索词必须按照输入时的前后顺序排列，顺序不可颠倒，而且其连接的词与词之间除了可以有一个空格、一个标点符号、一个连接字符，不得夹有任何其他单词或字母。（nW）由（W）引申而来，表示在两个检索词之间可以插入 n 个单元词，但两个检索词的位置关系不可颠倒。

2.（N）与（nN）

（N）算符表示在此算符两侧的检索词必须紧密相连，但词序可颠倒。（nN）由（N）引申而来，区别在于两个检索词之间可以插入 n 个单元词。

3.（S）算符

S 是 subfield 的缩写,（S）表示其两侧的检索词必须出现在同一字段中，即在一个句子或短语中，词序不限。

4.（F）算符

F 是 field 的缩写，（F）表示其两侧的检索词必须出现在同一字段中，如篇名字段、文摘字段等，词序不限，并且夹在其中间的词量不限。

5.（L）算符

L 是 link 的缩写，（L）表示其两侧的检索词之间有主从关系，可用来连接主、副标题词。

6.（C）算符

C 是 Citation 的缩写,（C）表示其两侧的检索词只要出现在同一条记录中，且对它们的相对位置或次序没有任何限制，其作用就与布尔逻辑算符 AND 完全相同。

上述算符中，（W）、（N）、（S）、（F）、（C）从左到右，对其两侧检索词的限制逐渐放宽；从右到左，限制逐渐严格。其执行顺序是词间关系越紧密越先执行，需要先执行的部分可用括号标出。

（三）截词检索

截词检索是一种常用的检索技术，在外文检索中使用最为广泛。外文虽然彼此间有差别，但是它们存在一个共同特点，即构词灵活，在词干上加上不同性质的前缀或后缀，就可以派生出很多新词。检索时如果将这些词全部输入进去，不仅费时费力，还费钱。

由于词干相同，派生出来的词在基本含义上是一致的，形态上的差别多半只具有语法上的意义。因此，用户在检索式中如果只列出一个词的派生形式，在检索时就容易出现漏检。截词检索是防止这种类型的漏检的有效方法。大多数外文检索系统都提供截词检索功能，采用截词检索能省时省力。

所谓截词，是指在检索词的合适位置进行截断。截词检索，则是用截断的词的一个局部进行检索，并认为满足这个词局部中的所有字符（串）的文献都为命中文献。

截词方式有多种。按截断的位置来分，有后截词、前截词、中截词三种类型；按截断的字符数量来分，可分为有限截词和无限截词两种类型。这里有限截词是指明确截去字符的数量，而无限截词是指不说明具体截去多少个字符。

不同的检索系统对截词符有不同的规定，有的用"？"，也有的用"*""！""#"等。

在中文数据库中,截词一般在词尾;在英文数据库中,截词不仅可在词尾,还可用在词头或中间。

1. 前截词

前截词即后方一致,就是将截词符放在检索词需截词的前边,表示前边截断了一些字符,只要检索与截词符后面一致的信息。例如,输入"?ware",就可以查找到"software""hardware"等同根为"ware"的信息。

2. 中截词

中截词即前后一致,也就是将截词符放在检索词需截词的中间,表示中间截断了一些字符,要求检索和截词符前后一致的信息。

3. 后截词

后截词即前方一致,就是将截词符放在检索词需截词的后边,表示后边截断了一些字符,只要检索和截词符前面一致的信息。例如,输入"com?",就可以查找到"computer""computerized"等以"com"开头的词。

第三章　计算机网络与信息系统安全

第一节　计算机网络概述

　　计算机网络是利用通信线路和通信设备，把分布在不同地理位置的具有独立功能的多台计算机、终端及其附属设备互相连接起来，按照网络协议进行数据通信，通过功能完善的网络软件实现资源共享的计算机系统的集合。它是计算机技术与通信技术相结合的产物。

一、计算机网络的基础知识

（一）计算机网络的定义

　　目前，公认的计算机网络的定义如下：计算机网络是指在网络协议的控制下，通过通信设备和线路来实现地理位置不同、具有独立功能的多个计算机系统之间的连接，并通过功能完善的网络软件（网络通信协议、信息交换方式及网络操作系统等）来实现资源共享的计算机系统。其中，资源共享是指在网络系统中的各计算机用户均能享受网络内其他计算机系统中的全部或部分资源。

（二）计算机网络的分类

计算机网络分类的标准很多：按拓扑结构分，有星型、总线型、环型、网状型等；按使用范围分，有公用网和专用网；按传输技术分，有广播式与点式网络；按交换方式分，有报文交换与分组交换等。事实上，这些分类标准都只能给出网络某方面的特征，不能确切地反映网络技术的实质。目前，比较公认的能反映网络本质的分类方法是按网络覆盖的地理范围来分类。计算机网络按覆盖的地理范围，可分为局域网（LAN）、城域网（MAN）和广域网（WAN）。

1. 局域网

局域网作用范围小，分布在一个房间、一个建筑物或一个企事业单位内。其覆盖的地理范围在10km之内，传输速率在1Mbps以上。目前，常见局域网的速率有10Mbps、100Mbps和1000Mbps。局域网组建简单、灵活，使用方便，适合小范围内的数享据传输和资源共。

2. 城域网

城域网的作用范围在广域网与局域网之间，其网络覆盖范围通常可以延伸到整个城市。借助通信光纤，可以联通多个局域网，形成大型网络。这样一来，不仅局域网内的资源可以共享，局域网之间的资源也可以共享。

3. 广域网

广域网的作用范围很大，可以是一个地区、一个省、一个国家或多个国家，覆盖的地理范围超过几千千米，信息衰减严重，因此需要特殊的技术手段来保证通信质量。

（三）计算机网络的发展阶段

计算机网络的发展经历了一个从简单到复杂又到简单（指入网容易、

使用简单、网络应用大众化）的过程。计算机网络的发展经过了以下四个阶段：

1. 面向终端的计算机网络

面向终端的计算机网络是具有通信功能的主机系统，即所谓的联机多用户系统。其基本结构是由一台中央主计算机连接大量且在地理位置上处于分散的终端而构成的系统。例如，20 世纪 60 年代初，美国建成了全国性航空飞机订票系统，用一台中央计算机连接 2000 多个遍布美国各地的终端，系统中只有主计算机具有独立处理数据的功能，用户通过终端进行操作。这些应用系统构成了计算机网络的雏形。

在这种系统中，一端是没有处理能力的终端设备（如由键盘和显示器构成的终端机），它只能发出请求，希望另一端做什么，另一端是具有计算能力的主机，可以同时处理多个远方终端传来的请求。其缺点在于：主机负荷较重；通信线路的利用率低；属于集中控制方式，可靠性低。

2. 共享资源的计算机网络

共享资源的计算机网络呈现出的是多个计算机处理中心的特点，各计算机通过通信线路连接，相互交换数据、传送软件，实现了计算机之间的资源共享。这样就形成了以共享资源为目的的第二代计算机网络。它的典型代表是美国国防部高级研究计划局资助开发的 ARPA 网络。ARPA 网络的建成标志着现代计算机网络的诞生，同时也使计算机网络的概念发生了根本性的变化。很多有关计算机网络的基本概念都与 APRA 网络的研究成果有关，如分组交换、网络协议、资源共享等。

3. 标准化的计算机网络

1984 年，国际标准化组织（ISO）正式颁布了一个能使各种计算机在世界范围内互连成网的国际标准，开放通信系统互连基本参考模型，简称

OSI 模型。20 世纪 80 年代中期，人们以 OSI 模型为参考，开发制定了一系列协议标准，确保了各厂家生产的计算机和网络产品之间的互联，推动了网络技术的应用和发展。这就是所谓的第三代计算机网络。

4. 国际化的计算机网络

20 世纪 90 年代，计算机网络技术得到了迅猛发展。特别是 1993 年美国宣布建立国家信息基础设施后，全世界许多国家纷纷制定和建立本国的国家信息基础设施，极大地推动了计算机网络技术的发展。目前，全球以互联网为核心的高速计算机网络已经形成，成为人类最重要的、最大的知识宝库。

（四）计算机网络的基本功能

计算机网络的功能很多，基本功能有以下几方面：

1. 资源共享

计算机网络的资源共享是计算机联网的主要目的，共享资源包括软件资源、硬件资源和信息资源。

软件资源包括各种语言、服务程序、应用程序和工具，通过联网可以实现软件资源共享。例如，网络用户可以将其他计算机上的软件下载到自己的计算机上使用，或将自己开发的软件发布到网上，供其他用户使用。

硬件资源共享是指网络用户可以共享网上的硬件设备，特别是一些特殊设备或价格昂贵的设备，如大型主机、高速打印机、ZIP 驱动器等。

信息资源共享是指上的用户能部分或全部地享受网络中的资源。连入互联网的用户，可以享受全球范围的信息检索、信息发布、电子邮件等多种服务。

2. 数据通信

数据通信可以为网络用户提供强有力的通信手段，使分布在不同地理位置的计算机用户之间能够相互通信、交流信息等。

3. 分布式处理

计算机网络具有分布式处理的功能，即多个系统协同工作、均衡负荷，共同完成某一工作。例如，将一项复杂的任务划分成若干子模块，不同的子模块同时在网络中不同的计算机上运行，每一台计算机分别承担某一部分的工作。多台计算机连成一个具有高性能的计算机系统，由它解决大型问题，从而大大提高了整个系统的工作效率。

二、计算机网络的组成

根据网络的定义，一个典型的计算机网络系统由硬件、软件和协议三部分组成。硬件由主体设备、连接设备和传输介质三大部分组成；软件包括系统软件和应用软件；协议即网络中的各种协议。

（一）计算机网络硬件

1. 主计算机

主计算机又称主机，主要由大型机、中小型机和高档微机组成，网络软件和网络的应用服务程序主要安装在主机中。主计算机负责数据处理和网络控制。在局域网中，主机又被称为服务器。

在网络设备中，一代计算机或设备应其他计算机的请求而提供服务，使其他计算机通过它共享系统资源，这样的计算机或设备被称为服务器。它是网络中心的核心设备，负责网络资源管理和网络通信，并按网络客户的请求为其提供服务。

服务器按其提供的服务可划分为如下三种基本类型：

（1）文件服务器

在局域网中，文件服务器掌握着整个网络的命脉，一旦文件服务器出现故障，整个网络就可能瘫痪。它的主要功能是为用户提供网络信息共享、实施文件的权限管理、对用户访问进行控制，以及提供大容量的磁盘存储空间等。

（2）应用服务器

应用服务器负责存储可执行的应用程序软件，为网络用户提供特定的应用服务。例如，通信服务器为一个或同时为多个用户提供通信信道，使多个用户能够共享一条通信链路与网络交换信息；域名服务器则用于在互联网上将计算机域名转换成对应的 IP 地址；数据库服务器是数据库的核心，能提供信息检索服务。

（3）打印服务器

打印服务器能将打印设备提供给网络其他用户，实现打印设备的共享。

2.客户机

客户机是网络用户入网操作的节点，一般由用户 PC 担任。它既能作为终端使用，又可作为独立的计算机使用，为用户提供本地服务；也可以联网使用，为用户在更大范围提供网络系统服务，被称为用户工作站。

3.传输介质

传输介质是传输数据信号的物理通道，能将网络中各种设备连接起来。传输介质性能对传输速率、通信的距离、可连接的网络节点数目和数据传输的可靠性等均有很大的影响。因此，要根据不同的通信要求，合理地选择传输介质。

4.网络互联设备

网络互联设备能够实现网络中各计算机之间的连接、网与网之间的互联、数据信号的变换以及路由选择等功能，主要包括集线器、交换机、调制解调器、网桥、路由器、网关等。

（二）计算机网络软件

网络软件，一方面授权用户对网络资源进行访问，帮助用户方便、安全地使用网络，另一方面管理和调度网络资源，提供网络通信和用户需要的各种网络服务。网络软件一般包括网络操作系统、通信软件以及管理和服务软件等。

网络操作系统是网络系统管理和通信控制软件的集合，它负责整个网络的软、硬件资源的管理以及网络通信和任务的调度，并提供用户与网络之间的接口。

（三）计算机网络协议

所谓计算机网络协议，就是指为了使网络中的不同设备能进行正常的数据通信，预先制定的一整套通信双方相互了解和共同遵守的格式和约定。协议对计算机网络而言是非常重要的。可以说，没有协议，就没有计算机网络。协议是计算机网络的基础。

在互联网上传送的消息至少要通过三层协议：网络协议，它负责将消息从一个地方传送到另一个地方；传输协议，它负责管理被传送内容的完整性；应用程序协议，它负责将传输的消息转换成人类能识别的内容。

一个网络协议主要由语义、语法、时序三部分组成。

语义：即需要发出何种控制信息、完成何种动作以及做出何种应答。

语法：规定了信息的结构和格式，包括用户数据和控制信息的结构和格式等。

时序：对事务发生顺序进行详细说明。

三、OSI 参考模型简介

（一）OSI 参考模型

OSI 参考模型是国际标准化组织在 20 世纪 80 年代初提出的一个概念模型，旨在为各种计算机互连构成网络提供标准框架。它的最大特点是，不同厂家的网络产品，只要遵照这个参考模型，就可以实现互联。也就是说，任何遵循 OSI 标准的系统，只要在物理上和世界上任何地方的任何系统连接起来，它们之间就可以互相通信。

该模型具有七层协议结构，从下到上，分别为物理层、数据链路层、网络层、传输层、会话层、表示层和应用层。

（二）各层功能

1. 物理层

物理层主要定义了系统的电气、机械、过程和功能标准。物理层的主要功能是利用传输介质为数据链路层提供物理连接，负责数据流的物理传输工作。物理层只处理二进制信号，即 0 和 1，也就是最基本的电信号或光信号，是最基本的物理传输特征。

2. 数据链路层

数据链路层在通信实体间建立数据链路联接，传输的基本单位为"帧"，并为网络层提供差错控制和流量控制服务。"帧"中包括地址、控制、数据及校验码等信息。数据链路层的主要作用是通过校验、确认等手段，将不可靠的物理链路改造成对网络层来说无差错的数据链路。此外，数据链路层还要协调收发双方的数据传输速率，即进行流量控制，以防止接收方因来不及处理发送方发送过来的高速数据而导致缓冲器溢出及线路阻塞。

3. 网络层

网络层在发送数据时，首先根据逻辑地址判断接收方是否位于本地，如果在本地，就直接把数据单元交给数据链路层作为数据处理；如果不在本地，就发送给路由器，由路由器寻找所连接的多个网络中最合理的路径，把数据发送到远程网络上。

网络层需要进行拥塞控制，网络各节点的网络层彼此协商，以防止和缓解拥塞现象。

4. 传输层

只通过网络层和数据链路层的数据传输是不可靠的，数据发送以后不一定能够正确无误地到达目的地，这种数据传输称为无连接的数据传输。传输层提供了面向连接的数据传输，在这种传输模式下，双方计算机首先需要建立一种虚拟的连接，好像双方中间有一条单独的物理线路一样，数据就像水流在管道中一样"流"过去。这种面向连接的数据传输方法能够确保数据正确地到达目的地。当然，该功能是通过网络层实现的，双方需要不停地协商，发现错误、丢失数据包以后就重发，直到数据正确到达目的地。

传输层也提供无连接的数据传送服务，适用于对性能要求较高而对可靠性要求不高的情况。比如，视频、声音信号的网络传送，对速度的稳定性要求较高，而对传输过程中偶尔发生的传输失败或错误能够容忍，这时使用无连接的服务就非常合适。

5. 会话层

会话层负责管理和建立会话，确保数据交换的顺序和同步，并提供建立、维护和终止会话的功能。会话层利用传输层提供的服务，使应用能够建立和维持会话，并使会话获得同步。会话层还可以通过对话控制来决定使用何种通信方式。会话层通过自身协议对请求与应答进行协调。

6. 表示层

表示层负责处理在两个通信系统中交换信息的表示方式，确保不同系统之间的数据可以正确理解和交换。表示层可以执行数据的加密和解密操作，确保传输过程中的数据安全。表示层还提供数据压缩与恢复功能，通过数据压缩技术压缩传输数据的容量，从而提高传输效率；同时，在接收端进行数据恢复，确保数据的完整性和可用性。

应用层直接为用户提供服务，而传输层负责端到端的可靠传输。表示层在两者之间起桥梁作用，确保数据的正确表示和安全传输。

7. 应用层

应用层是 OSI 参考模型中的最高层，是直接面向用户的一层，用户的通信内容要由应用进程解决，这就要求应用层采用不同的应用协议来解决不同类型的应用要求，并保证这些不同类型的应用所采用的低层通信协议是一致的。应用层中包含若干独立的用户通用服务协议模块，能够为网络用户之间的通信提供专用的程序服务。需要注意的是，应用层并不是应用程序，而是为应用程序提供服务。

通过上面对 OSI 参考模型各层的介绍，不难发现，它并没有定义各层的具体协议，没有具体讨论编程语言、操作系统、应用程序和用户界面，只描述了每层的功能。

网络分层可以将复杂的技术问题简化为一些比较简单的问题，从而使网络结构具有较大的灵活性。同时，网络分层还使得网络互联变得规范和容易。因为网络的互联在多数情况下是异种网络的互联，如局域网的互联、局域网与广域网的互联等，而这些不同的网络执行的是不同的协议，其操作系统和接口也不同，中间的联网极其复杂。而 OSI 参考模型的一个成功之处在于，它清晰地分开了服务、接口和协议这三个容易混淆的概念：服务描述了每一层的功能；接口定义了某层提供的服务如何被高层访问；而协议是每一层功能的实现方法。通过区分这些抽象概念，OSI参考模型将功能定义与实现细节区分开来，使网络具有普遍的适应能力。

第二节 信息系统安全概述

一、信息系统安全

信息系统安全是一个具体的实际概念，信息系统的特征决定了信息系统安全需要考虑的主要内容。在评价信息系统是否安全时，需要考虑以下几个问题：① 信息系统是否满足机构自身的发展要求或使命要求；② 信息系统是否能为机构的长远发展提供安全方面的保障；③ 机构在信息安全方面投入的成本与其保护的信息价值是否平衡；④ 什么程度的信息系统安全保障在给定的系统环境下能保护的最高价值是多少；⑤ 信息系统如何有效地实现安全保障。

（一）信息系统安全技术

信息系统安全技术是实现信息系统安全所采用的安全技术的总称。

从具体的应用软件划分，信息系统安全技术可分为传输安全、系统安全、应用程序安全和软件安全等技术。根据涉及技术的不同，可将信息系统安全技术粗略地分为：① 信息系统硬件安全技术；② 操作系统安全技术；③ 数据库安全技术；④ 软件安全技术；⑤ 身份认证技术；⑥ 访问控制技术；⑦ 安全审计技术；⑧ 入侵监测技术；⑨ 安全通信技术。这些都是实现信息系统安全的必要技术，有必要合理、有序地加以综合应用，以形成一个支撑安全信息系统的技术体系。

（二）信息系统安全管理

信息系统安全管理建立在安全目标和风险管理的基础上。一个机构的信息系统安全管理体系，是从机构的安全目标出发，利用机构体系结构这一工具，分析并理解机构自身的管理运行架构，并纳入安全管理理念，对实现信息系统安全所采用的安全管理措施进行描述，包括信息系统的安全目标、安全需求、风险评估、工程管理、运行控制和管理、系统监督检查和管理等方面，以期在整个信息系统生命周期内实现机构的安全目标。信息系统安全管理主要包括以下内容：① 安全目标确定；② 安全需求获取与分类；③ 风险分析与评估；④ 风险管理与控制；⑤ 安全计划制订；⑥ 安全策略与机制实现；⑦ 安全措施实施。

信息系统安全管理各组成部分的关系具体如下：

① 信息系统的安全目标根据与国家安全相关的法律法规、机构组织结构、机构的业务需求等因素确定；

② 将安全目标细化、规范化为安全需求，再按照信息资产（如业务功能、数据）的不同安全属性和重要性对安全需求进行分类；

③ 对安全需求进行分类后，要分析系统可能受到的安全威胁和面临的各种风险，并对风险的影响和可能性进行评估，得出风险评估结果；

④ 根据风险评估结果，选择不同的应对措施和策略，以便管理和控制风险；

⑤ 制订安全计划；

⑥ 设定安全策略和相应的策略实现机制；

⑦ 实施安全措施。

很明显，在信息系统安全管理的各组成部分里，有很多管理概念与管理过程并不属于技术范畴，却是选择技术手段的依据。例如，信息资产的重要性、风险影响的评估、应对措施的选择等问题，都需要机构的最高管理层对机构的治理、业务的需要、信息化的成本效益、开发过程管理等问题做出管理决策。所以,从机构目标的角度看,信息安全管理并不是单纯的技术管理,它影响整个机构的长远发展。

(三)信息系统安全标准

标准是技术发展的产物,反过来它又推动技术的发展。完善的信息系统安全标准体系,是构建信息系统安全体系的重要组成部分,也是信息系统安全体系实现规范化管理的重要保证。

信息系统安全标准是对信息系统安全技术和安全管理的机制、操作和界面的规范,是从技术和管理方向,以标准的形式对有关信息安全的技术、管理、实施等具体操作进行的规范化描述。

二、操作系统安全

操作系统安全就是要确保操作系统自身是安全的,它可由操作系统自身安全配置、相关安全软件以及第三方安全设备实现。

操作系统安全是整个信息系统安全的基础,它是实现数据加密、数据库安全、网络安全和其他各种软件安全的必要条件。

(一)操作系统安全是数据库安全的必要条件

数据库通常建立在操作系统之上,若没有操作系统安全机制的支持,数据库就不可能保证存取控制的安全可靠性。

(二)操作系统安全是网络安全的必要条件

在网络环境中,网络的安全性依赖于各主机系统的安全性,而主机系统的安全性又依赖于其操作系统的安全性。因此,若没有操作系统的安全性,就没有主机系统的安全性,更不可能有网络系统的安全性。

（三）操作系统安全是应用软件安全的必要条件

操作系统是管理系统资源、控制程序执行、提供良好人机界面和各种服务的一种系统软件；操作系统是连接计算机硬件与软件和用户的一个桥梁；操作系统是其他系统软件、应用软件运行的基础。所以，操作系统的安全性对保障其他系统软件和应用软件的安全性至关重要。

（四）操作系统安全是实现数据加密的必要条件

数据加密在保密通信中具有至关重要的作用，也是保护文件存储安全的有效方法。数据加密、解密所涉及的密钥分配、转储等必须用计算机进行操作。如果操作系统不安全，那么它就不能适时地加密文件并妥善地保护密钥，更不可能实现数据加密。

安全操作系统最终的目标是保障安装在其上的应用乃至整个信息系统的安全，其思路是从加强操作系统自身的安全功能和安全保障出发，在操作系统层面实施保护措施，并为应用层的安全提供服务。

三、数据库系统安全

数据库系统一般可以理解成两部分：一部分是数据库，是指自描述的完整记录的集合。自描述的含义是指它除了包含用户的源数据，还包含对它本身结构的描述。数据库的主体是字节流集合（用户数据）以及用以识别字节流的模式（属于元数据，被称为数据库模式）。另一部分是数据库管理系统，为用户及应用程序提供数据访问，并具有数据库管理、维护等多种功能。数据库管理系统负责执行数据库的安全策略，人们对数据库系统提出的安全要求，实质上是对数据库管理系统的安全要求。

（一）数据库的安全需求

数据库安全是指保证数据库信息的保密性、完整性、一致性和可用性。保密性是保护数据库中数据不被泄露和未授权就被获取；完整性是保护数据库中的数据不被破坏和删除；一致性是确保数据库中的数据满足实体完整性、参照完整性和用户定义完整性要求；可用性是确保数据库中的数据不因人为的和自然的原因对授权用户不可用。当数据库被使用时，应确保合法用户得到正确的数据，同时要保护数据免受威胁，确保数据的完整性。根据上述定义，数据库安全性的安全需求包括数据库的物理完整性、数据库的逻辑完整性、元素完整性、可审计性、用户身份鉴别、访问控制、可用性等方面。

（二）数据库的安全层次

数据库安全可分为三个层次：数据库管理系统、应用开发层和使用管理层，数据库管理系统的安全由数据库管理系统开发者负责，并为数据库管理系统设计各种安全机制和功能；应用开发层由应用系统的开发者根据用户的安全需求和所用数据库管理系统固有的安全特性，设计相关安全功能；使用管理层要求数据库应用系统的用户在已有安全机制的基础上，发挥人的主观作用，最大限度地利用系统的安全功能。

与上述三个层次对应，数据库的安全策略通常可以从系统安全性、用户安全性、数据安全性和数据库管理员安全性等方面考虑。

（三）数据库的安全机制

数据库常用的安全机制有身份认证、访问控制、视图机制、安全审计、攻击检测、数据加密和安全恢复等几种。

1. 身份认证

身份认证是安全数据库系统防止非授权用户进入的第一道安全防线，目的是识别系统合法授权用户，防止非授权用户访问数据库系统。用户要登录系统时，必须向系统提供用户标识和鉴别信息，以供安全系统识别认证。

2. 访问控制

访问控制技术是数据库安全系统的核心技术，它能做到只允许合法用户访问其权限范围内的数据库。访问控制包括定义、控制和检查数据库系统中的用户对数据的访问权限，以确保系统授权的合法用户能够可靠地访问数据库中的数据信息，同时防止非授权用户的任何访问操作。

3. 视图机制

同一类权限的用户，对数据库中的数据进行管理和使用的范围有可能是不同的。为此，数据库管理系统提供了数据分类功能。管理员从逻辑上对用户可查询的数据进行归并，形成一个或多个视图，并赋予名称，再把该视图的查询权限授予一个或多个用户。视图机制可以对无权访问的用户隐藏要保密的数据，从而对数据提供一定程度的保护。

4. 安全审计

安全审计将事前检查变为事后监督，通过记录用户的活动，发现其非授权访问数据的情况。在大型数据库管理系统中提供安全审计功能是很有必要的，它可以监视各用户对数据库施加的动作。

5. 攻击检测

攻击检测对安全审计日志数据进行分析，以检测攻击企图，追查有关责任者，并及时发现和修补系统的安全漏洞，增强数据库的安全强度。

6. 数据加密

对一些重要部门或敏感领域，仅凭上述措施仍难以完全保证数据的安全性。因此，有必要对数据库中存储的重要数据进行加密处理，以实现对数据存储的安全保护。数据加密是防止数据在存储和传输中失窃的有效手段。数据库的数据加密技术具有以下显著特点：① 数据加密后的存储空间应该没有明显改变；② 加密与解密的时效性要求更高；③ 要求授权机制和加密机制有机结合；④ 需要安全、灵活、可靠的密钥管理机制；⑤ 支持对不同数据的加密粒度；⑥ 加密机制要尽量减少对数据库基本操作的影响。

7. 系统恢复

具备尽可能完整、有效地恢复系统的能力，在遭到破坏的情形下，能够把损失降低到最低。

第三节　网络攻击手段与防御技术

一、计算机网络主要攻击手段

网络攻击的手段多种多样，主要有以下几种：

（一）拒绝服务攻击

拒绝服务攻击是指攻击者想办法让目标机器停止提供服务或资源（包括磁盘空间、内存、进程甚至网络带宽）访问，从而阻止正常用户的访问。其实，只要能够对目标造成麻烦，使某些服务被暂停甚至主机死机，都属于拒绝服务攻击。

拒绝服务攻击问题也一直得不到彻底解决，究其原因是网络协议本身具有安全缺陷，因此拒绝服务攻击也成为黑客常用的攻击手段之一。

（二）漏洞扫描

漏洞是指在硬件、软件、协议的具体实现或系统安全策略上存在的缺陷，使攻击者能够在未授权的情况下访问或破坏系统。入侵者一般利用扫描技术获取系统中的安全漏洞，从而侵入系统，而系统管理员也需要通过扫描技术及时了解系统存在的安全问题，并采取相应的措施，以提高系统的安全性。漏洞扫描技术是建立在端口扫描技术的基础上的。

漏洞扫描主要通过以下两种方法来检查目标主机是否存在漏洞：

① 在扫描端口后，得知目标主机开启的端口以及端口上的网络服务，将这些相关信息与网络漏洞扫描系统提供的漏洞库进行匹配，查看是否有满足匹配条件的漏洞存在；

② 模拟黑客的攻击手法，对目标主机系统进行攻击性的安全漏洞扫描，如测试弱势口令等。若模拟攻击成功，则表明目标主机系统存在安全漏洞。

（三）缓冲区溢出攻击

缓冲区溢出攻击是指利用缓冲区溢出漏洞而进行的攻击行动。缓冲区溢出是一种非常普遍、非常危险的漏洞，在各种操作系统、应用软件中广泛存在。缓冲区溢出攻击会导致程序运行失败、系统当机、重新启动等后果。更为严重的是，可以利用它执行非授权指令，甚至可以取得系统特权，进而进行各种非法操作。

（四）ARP 欺骗

ARP 欺骗，又称 ARP 毒化或 ARP 攻击，是针对以太网地址解析协议（ARP）的一种攻击技术。此种攻击可让攻击者获取局域网上的数据包，甚至可篡改数据包，且可让网络上特定计算机或所有计算机无法正常连线。

ARP 在进行地址解析的工作过程中，没有对数据报和发送实体进行真实性和有效性的验证，因此存在安全缺陷。攻击者可以通过给被攻击对象发送伪造的 ARP 消息，使被攻击对象获得错误的 ARP 解析。例如，攻击者可以伪造网关的 ARP 解析，使被攻击对象将发给网关的数据包错误地发到攻击者所有主机，这样攻击者就可以窃取、篡改数据，阻断数据的正常转发，甚至造成整个网段瘫痪。

（五）特洛伊木马

特洛伊木马简称木马，常常会伪装成正常的软件程序进入用户的计算机，在感染用户计算机后，伺机窃取用户资料传递给攻击者，或者使攻击者控制用户计算机。木马由两部分组成：服务端和控制端。感染木马、受远程控制的一方称为服务端，对服务端进行远程控制的一方成为控制端。主机安装服务端程序后，攻击者就可以通过网络使用控制端程序控制主机。木马通常是利用蠕虫病毒、黑客入侵或使用者的疏忽将服务端程序安装到主机上的。

（六）蠕虫

蠕虫是一种智能化、自动化的计算机程序，它综合了网络攻击、密码学和计算机病毒等技术。虽然很多人习惯于将蠕虫称为蠕虫病毒，但严格来说，计算机病毒和蠕虫是不同的。病毒是一种软件，通过修改其他程序而感染它们；而蠕虫是独立的一种程序，它可以通过网络等途径将自身的全部代码或部分代码复制、传播给其他计算机系统。但它在复制、传播时，不寄生于病毒宿主之中。同时具有蠕虫和病毒特征的程序被称为蠕虫病毒。蠕虫病毒有着极强的感染能力和破坏能力，已成为网络安全的主要威胁之一。

二、计算机网络安全防御技术分析

（一）虚拟专用网

所谓虚拟专用网（简称VPN），就是建立在公用网上的、由某一组织或某一群用户专用的通信网络。其虚拟性表现在任意一对VPN用户之间没有专用的物理连接，而是通过网络业务提供商提供的公用网络来实现通信的。其专用性表现在VPN之外的用户无法访问VPN内部的网络资源，VPN内部用户之间可以实现安全通信。实现 VPN 的关键技术主要有如下几种：

1. 隧道技术

隧道技术是一种通过使用互联网基础设施在网络之间传递数据的方式。使用隧道传递的数据可以是不同协议的数据帧或包。隧道协议将这些其他协议的数据帧或包重新封装在新的包头中发送。新的包头提供了路由信息，从而使封装的负载数据能够通过互联网传递。可以在网络的不同协议层次（如数据链路层、网络层和传输层）构建隧道。隧道技术是 VPN 的核心技术之一。

2. 加解密技术

VPN 可以利用已有的加解密技术实现保密通信，保证公司业务和个人通信的安全。

3. 密钥管理技术

建立隧道和保密通信都需要密钥管理技术的支撑，密钥管理负责密钥的生成、分发、控制和追踪，以及验证密钥的真实性等。

4. 身份验证技术

加入 VPN 的用户都要通过身份认证，通常使用用户名和密码或智能卡来实现对用户的身份认证。

（二）防火墙技术

防火墙是位于两个或多个网络之间，执行访问控制策略的一个或一组系统，是一类防范措施的总称。防火墙的作用是防止不希望的、未经授权的通信进出被保护的网络，通过边界控制，强化内部网络的安全政策。防火墙通常放置在外部网络和内部网络的中间，执行网络边界的过滤封锁机制。防火墙是一种逻辑隔离部件，而不是物理隔离部件，它的目的是在保证网络通畅的情况下，尽可能地保证内部网络的安全。防火墙是在已经制定好的安全策略下进行访问控制，所以一般情况下它是一种静态安全部件。但随着防火墙技术的发展，防火墙通过与入侵检测系统进行联动，或者本身集成入侵检测系统功能，也能够根据实际的情况进行动态的策略调整。从技术角度来看，防火墙主要包括包过滤防火墙、状态检测防火墙、电路级网关、应用级网关和代理服务器。

（三）入侵检测系统和入侵防御系统

1. 入侵检测系统

入侵检测系统（IDS），是一种主动保护网络和系统免遭非法攻击的网络安全技术，它依照一定的安全策略，对网络、系统的运行状况进行监视，尽可能发现各种攻击企图、攻击行为或攻击结果，以保证网络系统资源的机密性、完整性和可用性。入侵检测系统是对防火墙的一个极其有益的补充，我们可以做一个形象的比喻：假如防火墙是一栋大楼的门锁，那么入侵检测系统就是这栋大楼里的监视系统。一旦小偷爬窗进入大楼，或者内部人员有越界行为，只有监视系统才能发现情况并发出警告。

一个入侵检测系统通常由探测器、分析器、响应单元和事件数据库组成。探测器主要负责收集数据。分析器的作用是分析从探测器中获得的数据，主要包括两个方面：① 监控进出主机和网络的数据流，看是否存在对系统的入侵行为；② 评估系统关键资源和数据文件的完整性，看系统是否已经遭受了入侵。响应单元的作用是对分析结果做出相应的动作，如报警、更改文件属性、阻断网络连接等。事件数据库主要用于存放各种中间数据和最终数据，记录攻击的基本情况。

根据数据来源和系统结构的不同，入侵检测系统可以分为基于主机的入侵检测系统、基于网络的入侵检测系统和基于应用的入侵检测系统三类；而根据入侵检测所采用的技术，可以分为异常入侵检测和误用入侵检测两类。

2. 入侵防御系统

随着网络攻击技术的发展，对安全技术提出了新的挑战。防火墙技术和入侵检测系统自身存在的缺陷限制了它们的发展。例如，防火墙不能阻止内部网络的攻击，对网络上流行的各种病毒也没有很好的防御措施；入侵检测系统只能检测入侵而不能实时地阻止攻击，而且入侵检测系统具有较高的漏报和误报率。

在这种情况下，入侵防御系统（IPS）成了新一代的网络安全技术。入侵防御系统提供主动、实时的防护，能对网络流量中的恶意数据包进行检测，对攻击性的流量进行自动拦截。入侵防御系统如果检测到攻击企图，就会自动地将攻击包丢掉或采取措施阻断攻击源，从而有效地实现主动防御功能。

入侵防御系统通过对网络流量进行实时检查和拦截，防止恶意攻击和威胁对网络和系统造成损害。具体来说，入侵防御系统通过直接嵌入到网络流量实现这一功能，即通过一个网络端口接收来自外部系统的流量，经过检查确认其中不包含异常活动或可疑内容后，再通过另外一个端口将它传送到内部系统中。这样一来，有问题的数据包，以及所有来自同一数据流的后续数据包，都能在入侵防御系统设备中被清除掉。

入侵防御系统实现实时检查和阻止入侵的关键，在于其拥有数目众多的过滤器，能够防止各种攻击。当新的攻击手段被发现之后，入侵防御系统就会创建一个新的过滤器。

网络安全防御技术还有访问控制技术和网络隔离技术等，每一种技术都既有优点又有缺点。在实际生活中，我们要把多种技术结合起来，尽可能把不安全因素隔离在网络之外。

第四章 大数据背景下计算机信息技术在财务管理实践中的应用

大数据背景下,人类的生活与信息技术的应用已经紧密地联系在一起,特别是在财务会计领域,利用相关的信息技术工具,我们可以彻底改变传统的财务管理方式。信息化管理方式不仅减轻了财务人员的负担,提高了财务人员的工作效率,还提升了企业的财务管理水平。

第一节 ERP 系统

随着信息技术的发展和进步,以供应链管理为核心思想、集信息技术与系统化的管理思想为一体的先进的管理系统平台——ERP 系统应运而生,为信息时代的企业运营和管理带来了极大的便利和帮助。

一、ERP 系统的内涵

企业资源计划(Enterprise Resource Planning,ERP)兴起于20世纪90年代,是针对物资资源管理、人力资源管理、财务资源管理和信息资源管理集成一体化的企业管理系统。ERP 系统以其强大的信息处理功能为基础,通过协调企业各部门之间的关系,优化配置企业资源,实现信息资源与物资资源、人力资源及财务资源的有机集成化管理,为企业决策提供可靠的依据,从而实现企业的利益最大化,进一步提升企业的核心竞争力。

总体来说,现代企业的所有资源包括三大流:物流、资金流和信息流。ERP 是指对企业的这三大流进行优化配置的一种方法。ERP 属于管理科学的范畴,由于这些方法涉及大量的数据、复杂的计算、反复的校核对比,用人工计算几乎不可能实现,因此必须借助计算机程序以及一整套业务流程来实现,这一整套业务流程就是 ERP 系统。

ERP 系统即对企业的物流、资金流、信息流这三种资源进行全面集成管理、完成管理资源整合的管理信息系统。概括地说,ERP 系统是建立在信息技术的基础上,利用现代企业的先进管理思想,全面集成企业所有资源信息,为企业决策、计划、控制与经营业绩评估提供帮助的全方位和系统化的管理平台。它在企业资源最优化配置的前提下,整合企业内部主要或所有的经营活动,包括财务会计、管理会计、生产计划及管理、物料管理、销售与分销等主要功能模块,以达到效率化经营的目标。ERP 系统强调企业资源的完全整合性应用,即从整体考虑企业的营销活动、制造活动、质量控制活动、采购活动、上下游企业的产品链活动、财务活动、融资与投资活动、人力资源活动、决策活动等一系列活动,使其相互制约与相互配合,最终形成一个有机体。

二、ERP 系统的特征

(一)集成度高

ERP 系统是以供应链管理为核心的集成化管理系统,这不仅是一项现代信息技术,更是一种管理思想。ERP 系统整合了供应商、制造商及分销商等资源,设计了多种系统模块,实现了跨部门运作,形成了一条完整的供应链，并通过工作流将企业的生产、销售、财务等集成起来，对供应链上的每一个环节进行有效管理。

（二）信息整合

ERP系统借助网络平台和信息技术，能够获取企业中各部门所需的大量信息，并完成复杂的信息处理和整合。一方面，ERP系统严格的控制措施可以减少数据缺失或数据重复等现象，有效地提高系统内数据的准确性；另一方面，ERP系统实现了信息共享，为各部门的信息获取提供了便利，并大大提高了数据信息在企业不同部门之间的传递效率，从而大幅度提高了各部门的工作效率。

（三）环境安全

ERP系统体系庞大、信息复杂，而不同的模块及使用权限设置为信息的录入、查询、修改、保存、处理等操作提供了安全保障。另外，系统用户权限的严格控制不仅明确了各工作人员的职责，还保证了数据信息安全，减少了舞弊现象的发生，增强了信息的可靠性。

三、ERP系统的管理理念

（一）供应链管理理念

供应链管理的出现，使生产企业与其上游的供应商和下游的客户之间的关系不再是以往的单一业务往来关系，供应链上各个环节的企业更加注重信息共享与利益共存。ERP系统通过对生产经营的控制，打通了系统中各个子系统或模块之间的联系，从而实现了信息共享和数据分析。同时，通过客户数据端接口，有效地将企业的生产和销售环节与客户的需求紧密相连，通过供应商数据端接口将各个供应商的信息传递至企业，将企业的采购计划和供应商选择有效地整合起来，充分地体现出供应链管理的管理理念。

（二）精益生产、敏捷制造的理念

ERP系统支持对混合型生产方式的管理，其管理理念主要表现在精益生产和敏捷制造方面。精益生产以注重具有增值意义的流程的改进为核心，通过消除企业所有生产环节上的不增值活动，来实现降低成本和缩短生产周期的目的，进而促进生产质量提高；敏捷制造体现在企业对市场变化的反应速度上，旨在提高企业面对产品市场发生变化时的快速反应能力，即当市场发生变化时，企业应当对变化做出迅速判断，并利用企业的内部和外部资源满足顾客的需求。

（三）事先计划、事中控制和事后分析的理念

ERP系统能够实现对企业的一体化管理，通过对生产计划、采购计划、销售计划等业务方面的计划进行全面管理，在生产经营活动发生前做好充分准备，既能保障企业各项活动的顺利开展，又能实现ERP系统的"事先计划性"。"事中控制"主要表现在设置ERP系统功能时，定义了所录入企业的所有经济活动涉及的会计科目及其借贷关系，在业务输入的同时能够自动生成相关凭证，进而对经济活动的发生进行记录和处理。"事后分析"则体现为ERP系统自身具备的超强的数据处理能力，实现了业务的自动化分析，从而为企业后续的生产经营的顺利进行提供参考意见。

四、ERP 系统的主要功能

ERP 系统的主要功能如下：

（一）财务管理功能

财务管理功能是 ERP 系统的核心功能之一，主要包括总账、应收账款、应付账款、固定资产管理、预算管理等模块。这些模块协同工作可以提升企业的财务效率，降低财务风险，并为企业的决策提供有力的支持。财务管理模块通过集中管理和实时更新财务数据，可以提高财务透明度和合规性。通过这些模块，企业能够实现对财务数据的综合管理和分析，优化资金使用，提高财务管理的效率。

（二）生产管理功能

生产管理功能是 ERP 系统的核心功能之一，包括生产计划、生产调度、生产过程控制和生产成本控制等模块。它通过计划、执行、监控和优化生产过程，提高生产效率和产品质量，并降低成本。

（三）物流管理功能

物流管理功能通过运用科学的方法，对库存管理与运输之间的联系进行有机整合，通过 ERP 物流管理子模块对物流支出进行有效控制，降低物流运输成本，从而提高企业的经济效益。

（四）采购管理功能

ERP 系统的采购管理功能包括：供应商管理、采购计划制定、订单管理、采购申请、采购入库和退货管理、应付账款和发票管理、统计分析。通过这些功能，ERP 系统能够显著提高企业的采购效率，降低采购成本，优化供应链管理，确保供应链的稳定性和安全性。

（五）分销管理功能

ERP系统的分销管理功能包括：销售订单管理、库存管理、供应商管理、账单记录、流程优化、客户需求满足，旨在提高企业的运营效率和客户满意度。

（六）库存管理功能

ERP系统的库存管理功能包括：库存盘点、库存调拨、库存预警、库存成本核算、库存周转率分析、批次管理、多仓库管理、安全库存设置等。这些功能可以帮助企业实现库存信息的及时更新、库存成本的有效控制，以及库存运营的精细化管理。

（七）人力资源管理职能

ERP系统的人力资源管理功能包括：人力资源规划的辅助决策体系、招聘管理、工资核算、工时管理等，旨在提高人力资源管理的效率和规范化水平。

五、ERP系统下财务管理的特点

ERP系统下的财务管理具有以下三个特点：

（一）财务管理高效性

运用ERP系统，企业各部门和各分子公司所有经济活动产生的信息都会在ERP系统的财务模块中体现出来。这样一方面可以实现财务中心的财务管理高效性，另一方面管理层可对企业各部门、各公司的成本进行系统化的管理。管理层在掌握相关财务信息之后，可以及时进行财务分析，提出改进决策。这样做可以大幅度缩短部门和公司的财务周期，实现财务管理高效化。

（二）财务管理方便化

在传统的财务管理工作中，企业进行财务管理需要耗费大量的人力、物力，财务工作人员在强大的工作压力下，极易出现一些错误。运用ERP系统之后，所有简单的人力操作工作都可以用计算机完成。利用ERP系统强大的信息化处理能力对财务数据进行整合、分析，可以减少人力资源和财务人员的工作量，从而在一定程度上避免人员操作产生的错误。所以，ERP系统可以让财务人员更方便、快捷地处理工作。

（三）财务管理系统多元化

一方面，与传统的人力财务管理相比，ERP系统的财务管理系统最大的优势是可以从企业集团整体的角度统计数据，帮助企业管理层系统、全面地掌握整个企业集团的财务信息。另一方面，运用ERP系统进行财务管理，企业往往能发现之前没有发现的新问题。运用ERP系统，企业可以利用完全不同的计算方法对财务管理内容进行核算，从不同层次对企业财务管理进行分析，更全面地制定经济决策。

六、ERP系统财务管理与传统财务管理的优势

从更细致的角度来看，与传统的财务管理方式相比，ERP系统财务管理有以下三点优势：

（一）转变财务人员的工作职能

运用 ERP 系统进行财务管理，可以发现运用传统财务管理方式无法发现的弊端；促使企业财务部门的工作模式发生转变，从传统财务人员手工做账到全新的信息化财务管理，极大地提高了工作效率；帮助企业管理层根据最新的数据，更全面地制定经济决策；提高企业财务部门工作人员对信息技术的掌握能力和对各部门数据的监控能力，但同时对财务人员的专业胜任能力也有了更高的要求。

（二）体现财务信息的可控制性

使用 ERP 系统之后，企业能够在第一时间将相关信息传递给财务人员，企业管理层能够在最短的时间内制定决策，从而体现出 ERP 系统的高效性；如果不使用 ERP 系统，重要的信息有可能因为层层审批或者各种拖延而变成失效信息。

（三）提高企业内部控制水平

传统的财务管理手段耗费了大量的人力、物力，有些细节也没有达到管理层的标准，而且其他部门的管理人员没有知情权。由于财务部门人员的疏忽，会计信息可能会有一定的偏差。这些可能出现的错误会导致管理层无法全面掌握企业业务。通过使用 ERP 系统，管理层会从企业整体，即宏观角度出发处理工作，而且会计信息在 ERP 系统上更加公开，所有有权限的管理者都能对信息一目了然，大幅度提升了企业内部控制水平。

第二节 账务处理信息化

一、财务处理子系统的功能与特点

会计的任务是对经济活动进行连续、系统、全面和综合的核算和监督，并在此基础上对经济活动进行分析、预测、决策、控制，以提高经济效益。会计任务是通过一系列专门的会计方法来实现的，这些方法包括会计核算方法、会计控制方法和会计分析方法等，其中会计核算方法是最基本的会计方法。会计核算的主要内容包括设置账户、复式记账、填制和审核凭证、登记账簿、成本计算、财产清查、编制会计报表等，这些方法相互配合、密切联系，构成了一套完整的会计核算方法体系。其中，前四种方法是整个会计核算工作的基础，因为对每一项经济业务，都是根据原始凭证填制记账凭证，经过审核后将其分别登记到不同的账簿中的，为成本核算、财产清查、编制会计报表以及财务分析等提供依据。因此，我们把设置账户、复式记账、填制和审核凭证、登记账簿统称为账务处理。

（一）财务处理子系统的功能

1. 账表输出与子系统服务

（1）账表输出

账表输出的功能是根据企业管理及会计制度的要求对账务数据库文件进行排序、检索和汇总处理，最后输出所需账表。账表输出的方式主要有屏幕显示输出、打印输出和磁盘输出。输出的账表主要有日记账、明细账、总账、综合查询结果及对外报表等形式。

日记账、明细账、总账输出是根据财会人员输入的会计科目和日期，自动从汇总文件、历史凭证文件中提取数据，经过加工后输出的相应的日记账。

输出账表的另一种形式是综合查询。综合查询就是根据会计人员输入的指定条件从相关数据库文件，如汇总文件或临时凭证文件中筛选出符合条件的记录数据。所谓指定条件，可以是单项条件，如日期范围、金额大小、支票号、经手人或审核人姓名等，也可以是组合条件，即各单项条件的组合。

（2）子系统服务

子系统服务的功能主要是修改口令、会计数据备份与恢复、系统维护等。

修改口令的功能是允许系统的授权使用者更新自己的口令密码，即将系统刚开始运行时会计主管设置的口令，改为只有自己知道的口令，并定期更改，以防泄密。

会计数据备份与恢复的功能是将存储在计算机硬盘上的数据复制到软盘（或磁带、光盘）上，以便硬盘发生故障造成数据损失时，能及时恢复原有数据。在数据备份时，应给出必要的提示，如提示插入软盘、备份数据总字节数、备份所需时间以及备份进程指示等。由于数据恢复会对现有账务环境进行覆盖，因此在恢复数据时要谨慎操作，必要时要设置恢复密码、恢复日期的核对功能。

系统维护功能是对磁盘空间进行管理，对数据库文件重建索引，以及恢复日期的核对等。

2.辅助管理

账务处理子系统除了提供会计核算所需的基本功能模块，还应提供以下辅助管理功能模块：

（1）银行对账

银行对账模块通常具有以下功能：初始化余额调节表、获取银行对账单、自动对账、手工对账、输出对账结果、删除已达账项。

（2）往来核算与管理

往来核算与管理模块的主要功能包括：建立往来单位通讯录、设置期初未达往来账、往来查询、往来核销、账龄分析、打印催款单等。

（3）项目核算与管理

项目核算与管理模块的主要功能是通过项目定义、项目账表输出等，实现按项目对成本费用和收入进行核算与管理。

（4）部门核算与管理

部门核算与管理模块就是把部门作为一级财务核算与管理的单位，以便于评估各个部门的经营和管理绩效，促使各个部门更加关注本部门产品的成本和利润。

（5）自动转账

自动转账模块的功能主要包括定义自动转账分录、生成转账凭证（机制凭证）、获取外部数据等。

3. 初始化

（1）设置科目

设置科目的功能是将单位会计核算中使用的科目按照要求逐一描述给系统，并将科目设计结果保存在科目文件中，这是会计管理的一项基础工作。该模块提供的相应功能是，使财会人员可以根据需要，设置适合自身业务特点的会计科目体系，并可以方便地增加、插入、修改、删除、查询、打印会计科目。

（2）设置凭证类型

设置凭证类型的功能是实现对凭证类型的管理，并将结果保存在凭证类型文件中。该模块提供的相应功能是，使财会人员可以根据需要，设置适合自身业务特点的凭证类型。例如，可以设置一种通用的凭证类型，也可以设置收款、付款、转账三类凭证，或设置现收、现付、银收、银付、转账五类凭证。

（3）装入初始余额

装入初始余额的功能是将手工账簿各科目的余额转入计算机，以保证手工账簿和计算机账簿内容的连续性与继承性，并将初始余额保存在汇总文件中。该模块提供的相应功能是，在所有余额装入后，按照平衡公式"资产＝负债＋所有者权益"和"总账及其下属明细科目"自动进行试算平衡，以检验所装余额是否正确无误。

（4）设置人员权限

设置人员权限的功能是实现对财会人员分工的设置和管理，并将人员权限设置结果保存在人员权限文件中。在电算化会计信息系统中，只有财务主管有最高权限，有权使用设置人员权限功能模块，对系统内每个财会人员进行授权或撤销授权。

（二）账务处理子系统的特点

账务处理子系统具有以下特点：

一是规范性强，一致性好，易于通用化。账务处理子系统的基本原理是复式记账法，这是世界通用的会计记账方法，包括"有借必有贷，借贷必相等""资产＝负债＋所有者权益"，总账余额、发生额必须等于下属明细账余额、发生额之和等一系列基本处理方法。尽管不同的企事业单位由于业务量不同而选择不同的登记总账的方法，但最终的账簿格式内容基本相同。正因为如此，无论是国内，还是国外，市场上都可见到大量的账务处理系统软件包。各单位在开展会计电算化工作时，可充分考虑利用这种软件包，经济、迅速地构建自己的会计信息系统。

二是综合性强，在整个会计信息系统中起核心作用。其他会计信息子系统都部分反映"产、供、销"过程中某个经营环节或某类经济业务，如材料核算子系统主要反映供应过程这一经营环节，成本核算子系统主要反映生产活动环节，固定资产子系统主要反映固定资产的使用状况，等等。这些子系统不仅用货币作为计量单位，还广泛使用实物数量指标。而账务处理子系统以货币作为主要计量单位，综合、全面、系统地反映企业供产销的所有方面。因此，账务处理子系统产生的信息具有很强的综合性和概括性，编制的会计报表能准确地反映企业全部的财务状况和经营成果。除此之外，账务处理子系统还要接受其他子系统产生的记账凭证，要把某些账表的数据传递给其他子系统，供其使用。也就是说，账务处理子系统是整个会计信息系统交换数据的桥梁，它把其他子系统有机地结合在一起，形成了完整的会计信息系统。账务处理子系统是整个会计信息系统的核心，可以说账务处理子系统是"纲"，其他会计信息子系统是"目"。

三是控制要求严格。账务处理子系统产生的报表要提供给政府部门（财政、税收、银行、审计）、投资者和债权人，错误的报表数据会使国家无法统计国民经济指标，银行无法监督企业的货币资金使用，财政税收部门无法保证财政收支的正确性，投资者和债权人无法掌握企业的经营状况，无法做出投资决策。因此，必须保证账务处理子系统的正确性，保证结果的真实性。正确的报表数据来自正确的账簿，正确的账簿来自正确的凭证。因此，从记账凭证开始，必须对各个账务处理环节加以控制，以防止一些差错的产生。

二、账务处理子系统的设计

（一）账务处理子系统的设计原则

账务处理子系统不仅要实现其基本功能，满足核算的各种需求，还要考虑系统的适用性、易用性和可维护性等其他性能指标。为此，设计账务处理子系统应遵循以下原则：

1. 符合国家有关法规和统一会计制度的规定

为规范和加强会计工作，保障会计人员依法行使职权，发挥会计在加强经济管理、提高经济效益方面的作用，国家先后制定了一系列有关会计的法规和规章制度。会计软件的功能、术语以及界面设计等必须满足这些法规和制度的要求，符合其有关规定。

①《中华人民共和国会计法》对会计工作中的会计核算、会计监督、会计机构和会计人员以及法律责任等方面做了规定，是调整会计关系、规范会计活动的基本法，也是其他一切会计法规、制度的"母法"。

② 会计准则和行业会计制度。会计准则是会计核算的行为规范，是会计活动总的原则、标准，是对具体会计制度的概括。行业会计制度是以会计准则为依据来制定的，是行业会计核算的标准和依据。会计软件中的核算方法等必须满足会计准则和行业会计制度的规定。

③《会计电算化管理办法》对会计电算化管理、评审以及替代手工记账等方面进行了规定，同时发布的还有《商品化会计核算软件评审规则》《会计核算软件基本功能规范》等文件。其中，《会计核算软件基本功能规范》对会计软件的数据输入、处理、输出和安全性等方面做了详细的规定，会计软件设计必须参考有关规定执行。

④ 其他法规、制度，如《会计基础工作规范》《会计电算化工作规范》《会

计档案管理办法》等。其中,《会计基础工作规范》对会计工作的各个方面进行了详细的规定,对会计软件的输入、输出以及处理等设计有很好的指导作用。

2.满足各种核算和管理的要求

目前,在企事业单位会计业务中,由于规模、管理模式等不同,会计核算的形式、管理要求也有所区别。专用会计核算软件可以只考虑具体单位的实际情况,但如果是通用会计软件,那么在设计账务处理子系统时必须考虑满足不同核算和管理的要求。实际上,随着经济的发展,企事业单位的管理要求不断提高,即使是专用会计核算软件,也应适应核算形式的变化。

(二)账务处理子系统的数据流程设计

按照账务处理的任务分析,可以设计出账务处理子系统的数据处理流程。数据处理流程具体包括以下步骤:

① 在处理系统日常账务之前,要先进行建账工作。建账处理的主要任务是建立初始账户,输入各账户对应的科目编码、科目名称、账户余额等内容。

② 记账凭证录入后,存放在记账凭证库中,经复核后,有记账凭证才允许记账。记账时,明细账、日记账和各专项账根据记账凭证直接登录,总账经科目汇总后记账。在一个会计月份中可多次记账,下次记账在上次记账结果的基础上进行。记账后,便可立即进行账簿查询、报表打印等工作。原则上,一经记账,凭证便不得修改,但在报表账簿正式输出(结账)前,为提高系统的灵活性,仍然可以撤销记账,恢复到记账前的状态;在对有关凭证进行修改后,重新记账。只有在月末结账后输出的账簿才是完整有效的。

③ 凭证分录中的现金科目（101）应记入现金日记账中；存款科目（102）应录入银行往来日记账中，以便与银行送来的单据进行对账处理，并输出银行存款余额调节表。

④ 记账后，可以由计算机直接到有关账户中提取数据、编制转账凭证，进行自动转账。

⑤ 最后一次记账后要进行结账。结账时，首先应对记账凭证库做后备处理；之后将该数据库清空，以便输入下个会计月份的记账凭证，同时要对科目数据库、银行对账库、账簿数据库等做相应处理。由于此时上个月的记账凭证已经从记账凭证数据库中清除，因此之后不能再对上个月的记账凭证进行修改；一旦发现上月凭证有错误，只能在当前月中以红字凭证冲销上月的错误凭证。

⑥ 账务处理子系统可以从其他子系统中读取有关数据，进行账务处理；其他子系统也可以从账务处理子系统的各账户数据库中读取数据，进行成本核算、报表编制等处理。

三、凭证填制与信息速查

（一）会计核算参数设置

1. 工作任务

进行总账操作环境配置，以便进行账务处理信息化的日常工作。

2. 信息化流程

① 展开导航区"业务工作/财务会计/总账/设置"菜单树，双击"选项"进入"选项"界面，单击下部的"编辑"按钮后进行修改。

② 在"凭证"切换卡中设置：制单序时控制、进行赤字控制、不可以

使用应收应付受控科目、可以使用存货受控科目、现金流量科目必录现金流量项目、现金流量参照现金流量科目、自动填补凭证断号、凭证采用系统编号方式。

③ 在"权限"卡设置：出纳凭证必须经出纳签字、可查询他人凭证、不允许修改、作废他人填制的凭证。

④ 在"其他"卡设置：按浮动汇率核算外币；部门、个人和项目均按编码排序。

（二）填制凭证与余额流量

1. 工作任务

某实业有限公司收到其他公司普通支票4061号，支付上年股利×××元。附件2张。

借：银行存款/工行人民币存款×××元。

贷：应收股利/长油公司股利×××元。

注：本书约定，总账（一级）科目、明细（二、三级）科目之间用"/"分隔。

2. 信息化流程

① 设置凭证选项。展开导航区"业务工作/财务会计/总账凭证"菜单树，双击"填制凭证"进入"填制凭证"界面。"附单据数"上部的两条虚线是自定义项，可录入自定义信息。

选择该界面"工具"菜单的"选项"命令，进入"凭证选项设置"界面，进行以下设置：自动携带上条分录的摘要、不进行实时核销（往来业务）、凭证显示辅助项的名称及编码、凭证打印辅助项的分隔符为"/"、新增凭证日期为最后一张的日期。

② 编辑记账凭证表头与摘要。单击填制凭证界面上部的"增加"按钮，直接录入记账凭证的附件张数、摘要。

在基础档设置中，凭证类别选择为通用记账凭证，所以左上角自动显示"记"字、标题是"记账凭证"。核算选项设置为"凭证采用系统编号"，所以凭证编号显示为"0001"（自动编号，不能修改）。

按凭证选项的设置，制单日期将显示为该类凭证最后一张的日期。由于这是第一张凭证，因此将显示为登录日期（可以修改）；若弹出提示"日期不能滞后系统日期"，应通过"控制面板"或计算机的右下角修改计算机的系统时间。

③ 参照选择第一条分录的明细科目。选定第一行的科目名称栏，单击"参照"按钮进入"科目参照"界面，双击列表中的"资产"并展开"银行存款"科目，选定"工行人民币存款"明细科目；由于该科目经常使用，因此单击"参照"界面右侧的"常用"按钮，此时再展开"常用"，则列表中将显示该科目；选定该明细科目后，再单击"参照"界面的"确定"按钮（也可双击该明细科目），即可将该科目选择到记账凭证中。

④ 参照选择辅助项。因为在基础档案中，银行存款指定为银行类科目，所以选择银行存款的明细科目后，将自动弹出结算方式"辅助项"界面，可以取消（不录入）。但若在凭证选项设置时选择"凭证录入时结算方式及票号必录"，则此处的辅助项就必须录入。在此应参照选择结算方式、录入票据号，单击"确定"按钮后，这些信息将显示在凭证左下角。

⑤ 查看最新余额。第一条分录的辅助项参照选择完毕后，单击上部的"余额"按钮（或"查看"菜单的"最新余额"命令），可查看该科目的最新余额；录入第一条分录的金额后，再单击"余额"按钮，其发生额及余额将自动更新。

⑥ 自动携带摘要。按下键盘上的回车键（Enter），摘要将自动携带到第二行；若凭证选项中没有勾选携带摘要，则需手工录入第二条分录的摘要。

⑦ 录入第二条分录。在科目名称中参照选择相应的明细科目；按下键盘上的回车键，使光标移动到第二条分录的贷方，按下"="键，系统将自动按"借贷必相等"的规则计算并填入金额。

⑧ 录入现金流量。单击记账凭证上部的"流量"按钮（或"制单"菜单的"现金流量"命令）进入"现金流量录入修改"界面，在"项目编码"中参照选择"取得投资收益所收到的现金"项目，再单击"确定"按钮。

在记账凭证中，当选定"银行存款"科目所在行时，单击记账凭证右下角的"展开"按钮，记账凭证下部将显示该流量项目。

⑨ 录入完毕后，保存凭证。基础档案将银行存款科目指定为"现金流量科目"，而将凭证选项设置为"现金流量科目必录现金流量项目"，因此当没有录入现金流量信息而直接单击"保存"按钮时，照样会弹出"现金流量录入修改"界面。

（三）制证时增加科目与项目

1. 工作任务

用普通支票 2056 号归还 5 个月前工行借款 ××× 元，附件 2 张。

借：短期借款/工行借款本金 ××× 元。

贷：银行存款/工行人民币存款 ××× 元。

2. 信息化流程

① 填制并保存记账凭证，现金流量选择为"偿还债务所支付的现金"。在参照选择短期借款科目时，可见该科目已经使用但没有明细科目；如果按上述方法增加明细科目，将会提示站点互斥而无法增加。所以，先选择"短期借款"总账科目填制，保存该记账凭证。

② 清除互斥任务。由系统管理员登录"系统管理"界面，选定中部的"总账"子系统，选择"视图"菜单的"清除选定任务"命令。

③ 增加已使用科目的下级明细科目（其下没有任何明细科目）。退出填制凭证界面，展开导航区"基础设置/基础档案/财务"菜单树，双击"会计科目"进入"会计科目"界面；单击"增加"按钮，在"新增会计科目"界面中键入"2001001 工行借款本金"明细科目，单击"确定"按钮，弹出警示，选择"是"；单击"下一步"按钮将再次警示，选择"是"后，系统将更新相关数据，并提示科目增加成功。

④ 查看增加后的效果。再次进入"填制凭证"界面，单击"上张"按钮，可见第一条分录的短期借款已自动增加"工行借款本金"的明细科目。

（四）填制凭证与辅助核算

1. 工作任务

开出普通支票 2052 号，支付上月欠工行借款利息×××元，附件 2 张。

借：应付利息/工行借款利息×××元。

贷：银行存款/工行人民币存款×××元。

2. 信息化流程

① 录入并保存记账凭证。参照选择时，可键入代码快速实现参照选择，如在科目名称栏录入"1002001"，按回车键后将自动显示"银行存款/工行人民币存款"。若只录入部分科目代码（如录入"22"）再单击参照按钮，参照界面将只显示符合该条件的科目，以提高工作效率。所以，若要修改已选择的科目，则应先删除后再参照选择；否则，参照界面将只显示该科目而无法修改。

② 现金流量为"分配股利、利润或偿还利息所支付的现金"。

（五）外币凭证与穿透查询

1. 工作任务

收到工行普通支票0021号，本公司售出中行的×××美元存款，收到人民币×××元已存入工行，当日记账汇率6.35，附件2张。

借：银行存款／工行人民币存款。

贷：银行存款／中行美元存款；财务费用／汇兑损益。

2. 信息化流程

① 录入记账汇率。展开导航区"基础设置／基础档案／财务"菜单树，双击"外币"并在"外币设置"中选择美元的浮动汇率后，录入本日的记账汇率。

② 填制记账凭证。参照选择"中行美元存款"明细科目后，记账凭证将自动变换为外币格式；因总账参数设置为外币采用浮动汇率核算，所以自动带入汇率；录入外币金额后将自动按"外币×汇率"计算本位币金额，并显示于借方，再选定借方，按下键盘上的空格键，将金额调整到贷方。

第三条分录的金额可单击贷方，按下键盘的"＝"键，由系统自动按"借贷必相等"的规则计算填入。

③ 现金流量参照选择"汇率变动对现金流量的影响"后修改金额。

四、凭证签审与错账更正

（一）凭证签审与逆向处理

1. 工作任务

对已填制的记账凭证，执行"出纳签字""主管签字""凭证审核"流程。

2. 信息化流程

（1）出纳签字

出纳可登录客户端（可单击客户端的"重注册"按钮），展开导航区"业务工作/财务会计/总账/凭证"菜单树，双击"出纳签字"进入记账凭证列表界面，单击"确定"按钮后，进入"出纳签字"的记账凭证界面；单击上部的"签字"按钮，记账凭证下部的出纳处将自动签名；单击"下张"按钮后再签字；也可以选择"出纳"菜单的"成批出纳签字"命令进行签字。

若要取消出纳签字，可单击上述记账凭证界面上部的"取消"按钮；也可以选择"出纳"菜单的"成批取消签字"命令。

（2）主管签字

主管可登录客户端，展开导航区"业务工作/财务会计/总账/凭证"菜单树，双击"主管签字"进入凭证列表界面，单击"确定"按钮后进入"主管签字"的记账凭证界面。

单击该界面上部的"签字"按钮，记账凭证右上角将显示主管的红色印章，单击"下张"按钮后再签字；也可以选择"主管"菜单的"成批签字"命令，对所有符合条件的记账凭证进行主管签字。

若要取消主管签字，可单击该记账凭证界面上部的"取消"按钮，也可以选择"主管"菜单中的"成批取消签字"命令。

（3）凭证审核

由主管双击"凭证"菜单树的"凭证审核"进入凭证列表界面，单击"确定"按钮进入"审核凭证"的记账凭证界面；单击上部的"审核"按钮后，将签名于记账凭证下部的审核处；同时切换到下一张待审核的记账凭证界面，再进行该凭证的审核；也可以选择"审核"菜单的"成批审核凭证"命令。

若要取消凭证审核，则可单击该记账凭证界面上部的"取消"按钮，也可选择"审核"菜单的"成批取消审核"命令。

（二）凭证查询与更错

1. 工作任务

经查询发现，之前用工行普通支票2053号支付行政部的业务招待费实际数应为×××元，进行错账更正，无附件。

借：管理费用/业务招待费。

贷：银行存款/工行人民币存款。

2. 信息化流程

① 查询凭证。双击"凭证"菜单树的"凭证查询"命令进入凭证列表界面，单击"确定"按钮进入"查询凭证"界面；单击该界面的上张、下张、首张、尾张等按钮，即可找到已过账的记账凭证（不含未过账凭证）。

② 若凭证还没有过账，则可直接在"填制凭证"界面进行查询，也可在凭证查询时，勾选"包括未过账凭证"选项，同时进行已过账凭证、未过账凭证查询。

③ 凭证冲销。在凭证查询中找到有错误的已过账的记账凭证，选择记账凭证界面"制单"菜单的"冲销凭证"命令，即可自动生成与原分录相同的红字记账凭证；然后，通过上部的"删分"按钮删除不需要冲销的分录，再修改金额（键入"—"键）并保存。

④ 现金流量参照选择为"支付的其他与经营活动有关的现金"（实为冲减）。

五、个人往来信息化

（一）往来财务管理简介

设计"个人往来"辅助核算科目的主要目的是进行账龄分析，以了解债权债务的质量，形成催款单或对账单，通知相关单位或个人。其管理手段是在填制凭证时，录入业务发生日期（它直接影响账龄分析）、业务号（票号）与业务员等。

为了及时了解、清理个人借款、还款，需要进行个人往来两清处理。往来两清应在凭证审核并记账，且在借款已经结算后进行（借、贷双方均有记录）；只有借款没有还款时，不进行两清处理。往来两清可进行自动勾对或手工勾对，自动勾对是按"专认＋逐笔＋总额"的方式勾对的。

（二）个人往来两清及查询

1. 工作任务

进行个人往来两清处理，查询个人往来明细信息。

2. 信息化流程

① 凭证审签过账。由出纳登录客户端进行"出纳签字"；由主管登录客户端进行"主管签字"和"凭证审核"；再由账套主管登录客户端进行"凭证过账"。

② 查看个人往来情况。展开导航区"业务工作/财务会计/总账/账表/个人往来"菜单树，双击并进入"个人往来清理"界面；通过该界面上部的"个人"下拉框列表，进行不同职工的切换，查看各自的往来信息。

③ 往来两清。单击上部的"勾对"按钮，系统将自动进行往来两清处理。两清后的记录的后部将显示"O"；两清的前提是有借方、贷方记录，且借

贷金额相等。也可双击"两清"栏进行手动两清，手工两清的标记将显示为"Y"。

④若取消两清，则在进入往来两清界面前的查询条件界面勾选"显示全部"选项，然后在上述"个人往来两清"界面单击"取消"按钮。

⑤查询个人往来账龄分析。双击"个人往来账龄分析"可查询选定科目的账龄分析表；还可通过修改账龄分析的天数进行查询。

第三节 往来财务业务管理信息化

一、往来财务管理信息化工作任务及信息化流程

（一）工作任务

在管理信息系统中，若要启动应收应付款管理系统，则必须同时进行往来业务管理和往来财务管理。

对往来财务管理进行信息化处理，即对生成的记账凭证进行审签、记账、往来两清。需要说明的是，往来两清是为了满足财务管理的需要，进行往来账务的借方、贷方的勾销，以便及时了解往来款的结算情况、未到账情况，进行账龄分析和输出对账（催款）等；往来两清必须借贷方向相反、金额相等。单据核销是为了满足业务管理的需要，进行应收单与收款单、应付单与付款单的核销；单据核销需要方向相反的原始单据，金额可以不相等。

（二）信息化流程

① 修改凭证。双击应收款管理"单据查询"中的"凭证查询"，进入"记账凭证"界面；选定应收账款等科目所在行，双击下部辅助核算区进入"辅助项"界面。这些科目已进行客户往来辅助核算，可修改票号、日期等，以便进行客户往来的财务管理。如果不修改，则以记账凭证的日期为准计算账龄。在应付款管理的"凭证查询"中，可修改供应商往来的辅助核算信息。

② 凭证的出纳签字与主管签字，凭证审核与凭证过账。

③ 往来两清。与个人往来核算一样，设为客户往来、供应商往来的科

目,在凭证过账后,也需要进行往来两清处理。在总账系统的"客户往来辅助账"和"供应商往来辅助账"中进行往来两清处理。

④ 往来查询。在总账系统的"客户往来辅助账"和"供应商往来辅助账"中,可进行客户(供应商)与部门、业务员、地区等组合条件的信息查询,可进行各种明细账的查询,可进行账龄分析、打印催款单(对账单)等。

二、销售与应收账款子系统概述

(一)销售与应收账款子系统的内容

企业要想持续发展,就必须获得利润;要想获得利润,就必须通过销售过程。销售过程就是指通过提供商品或劳务来取得货币或取得在未来某个特定时间得到货币权利的过程。由于时间上的差异,销售过程通常又可划分成两个过程:一个是商品或服务的转移过程,另一个是货款的回收过程。与此相适应,销售与应收账款子系统一般也可以细分成两个子系统:一个是销售订单处理子系统,另一个是应收账款处理子系统。前者主要涉及订单的接收、货物的组织与发运以及开票等过程,而后者主要涉及货款的计算、货款的催收、回款、应收账款分析和客户信息等级评定等过程。无论怎样划分,其目的都是对销售过程进行实时的管理与控制。

(二)销售与应收账款子系统的功能

一是完成客户资料、销售合同、产品的输入,实现对产品、销售客户、销售合同的灵活管理等。二是反映销售成本、销售税金和销售利润的情况,并提供各种分析信息。三是对应收账款业务进行详细的记录、分类和整理,反映债券发生情况。四是提供与账务处理子系统的接口,编制有关记账凭证，按时传递到总账系统中进行登账。五是提供销售及应收账款的各种查询及输出各种账表的功能。

（三）销售与应收账款子系统的特点

销售与应收账款子系统具有如下特点：

一是数据的实时性要求高。为使企业决策者及时制定合理的生产、销售及催款策略，最大限度地减少资金占用，加速资金周转，要求销售和应收账款子系统能够及时提供有关销售收入、应收账款和产品数量等方面的动态信息。

二是业务内容及核算方法比较复杂。企业类型不同，其运用的核算方法也不同，加之存在批发、零售、赊销、分期付款、退货等不同的销售方式和手段，使得该子系统的业务和核算方法相对较为复杂。

三是数据加工难度高，应具备一定的分析预测功能。该系统除了要反映日常信息，还要具有产品销售预测、应收账款账龄分析、利润预测与销售费用水平分析和销售人员的业绩考核等功能。四是销售与应收账款子系统与存货子系统和账务处理子系统之间存在频繁的数据传递。存货成本数据需要从存货子系统转来，并接收账务处理子系统的数据；同时又要将销售货物以及货款结算情况传递到存货子系统和账务处理子系统中。

五是管理要求高。销售与应收子系统的业务处理既涉及钱也涉及物，还涉及税的合理计算，因此数据的输入与处理可靠性要求高，容不得任何错误。

三、销售与应收账款子系统功能模块的设计

在确定销售与应收账款子系统功能和数据处理流程之后，就可以确定其功能模块。下面对几个主要模块进行介绍。

（一）更新处理模块

本模块主要用于产品结存文件的更新。根据产品入、出库单文件对产品结存文件进行更新。更新时，以产品代码为关键字，在产品结存文件中找到相应记录，将入库单上的实收数和出库单上的发出数累加到产品结存文件中的收入数与发出数，并将入、出库单中"更新标志"设置为"Y"。对入、出库文件重复上述处理，一直到处理完文件记录为止，即完成了对产品结存文件的更新。

（二）计算、结转与分配模块

本模块用于对产品销售利润、产品销售税金和附加的计算，以及产品销售费用的分配和销售成本等的结转。本子系统结转的转账凭证主要有以下方式：

① 根据销售发票文件编制的转账凭证。

借：应收账款。

贷：产品销售收入。

② 根据销售利润文件中的销售成本编制的转账凭证。

借：产品销售成本。

贷：产成品。

③ 根据销售利润文件计算的销售税金及附加编制的转账凭证。

借：产品销售税金。

贷：应缴税金。

④ 结转利润的转账凭证有以下几个：

借：产品销售收入。

贷：本年利润。

借：本年利润。

贷：产品销售成本。

借：本年利润。

贷：产品销售费用。

借：本年利润。

贷：产品销售税金及附加。

上述转账凭证文件的结构与账务处理子系统相同。本系统产生的转账凭证转送账务处理子系统和报表子系统。

四、往来业务管理信息化设计

（一）往来业务管理信息化简介

1. 单据流管理

往来业务管理模式的核心是原始单据，即在业务活动中，债权债务的形成应有购销发票或应收单、应付单，款项的结算需要录入收款单、付款单，即通过"单据流"（原始单据的填制或生成、审核等）来规范业务活动。

2. 往来核销

为了在业务系统中加强往来资金管理，建立应收应付与已收已付之间的联系，这些原始单据还应进行核销处理。单据核销是对应收单与收款单、应付单与付款单进行配比处理，以便在往来管理系统中生成详细的债权债务信息。

3. 原始单据需要生成凭证

为了消除信息孤岛，应将这些审核无误的原始凭证生成记账凭证并传递到总账系统，总账系统再进行凭证审签、记账、往来两清等流程。

（二）往来业务管理参数设置

1. 工作任务

① 设置往来业务管理的原始单据的生成机制、审核"凭证设置""权限与预警"等业务规则。

② 设置原始单据生成记账凭证的机制、程序与范围等。

2. 信息化流程

（1）应收款管理参数设置

展开导航区"业务工作/财务会计/应收款管理/设置"菜单树，双击"选项"进入"账套参数设置"界面，单击下部的"编辑"按钮，设置"常规设置""凭证设置""权限与预警""核销设置"四个卡片。

（2）应付款管理参数设置

展开导航区"业务工作/财务会计/应付款管理/设置"菜单树，双击"选项"进入"账套参数设置"界面，单击"编辑"按钮后，设置"常规设置""凭证设置""核销设置"三个卡片。

（三）设计往来业务原始单据

1. 工作任务

根据企业实际需要，设计往来业务管理的原始单据的编号、格式。

2. 信息化流程

（1）设计收款单格式

展开导航区"基础设置/基础档案/单据设置"菜单树，双击"单据格式设置"进入"单据格式设置"界面，再展开"应收款管理/应收收款单/显示"菜单树，单击"应收收款单显示模板"，进行如下修改并保存。

① 右击表头的"收款单"三字并选择"属性"命令，将字号修改为16号。

② 右击收款单表头中的"项目"并选择"删除"命令（也可单击该界面上部的"表头项目"按钮，然后取消其显示），再用鼠标拖动"摘要"项目到该位置。

③ 右击表体，选择"表体项目"命令（或单击该界面上部"表体项目"按钮）进入"表体"界面，取消表体的"项目"和"余额"选项，再将表体需显示栏目的列宽全部修改为1005。

④ 单击上部的"自动布局"按钮进入"自动布局"界面，修改画布宽度、画布高度、表头项宽度、表头项高度，并勾选"根据参数自动计算表格高度"选项。

（2）单据编号设置

展开导航区"基础设置/基础档案/单据设置"菜单树，双击"单据编号设置"，进行以下编号修改：

① 展开"应收款管理"选择"收款单"，将其编号修改并保存为：手工改动重号时自动重取，前缀为客户，长度为"4"；流水号长度为"3"，起始值为"1"。单击该界面的"对照表"切换卡，选择列表中的"客户"查看效果。

② 展开"应付款管理"选择"付款单"，将其编号修改并保存为：手工改动重号时自动重取；前缀为供应商，长度为"4"；流水号长度为"4"，起始值为"1"。单击该界面的"对照表"切换卡，选择列表中的"供应商"查看效果。

（四）科目与账龄区间设置

1. 工作任务

① 设置往来管理科目，以便自动生成分录，提高工作效率。

② 设置账龄区间，以便进行往来款项质量分析，进行债权债务的业务管理。

2. 信息化流程

（1）应收款初始设置

展开导航区"业务工作/财务会计/应收款管理/设置"菜单树，双击"初始设置"进入"初始设置"界面，进行以下设置：

① 选定"基本科目设置"列表，单击上部的"增加"按钮，双击"基础科目种类"后，从下拉框中选择种类，再参照选择这些种类对应的入账科目、币种。若不进行这些科目设置，则在根据原始凭证生成记账凭证时，每次都必须逐一地参照选择会计科目进行设置。

② 账龄区间设置：30天、90天、180天、360天。

③ 控制科目设置：如果企业的应收、预收科目根据客户的分类或地区分类不同，分别设置了不同的明细科目，则可先在选项中选择设置的依据，并在此处进行具体的设置。在初始设置界面左边的树形结构列表中单击"设置科目"中的"控制科目设置"，即可进行相应的控制科目设置，设置的科目必须是末级应收系统受控科目。

④ 产品科目设置：如果不同的存货分别对应不同的销售收入科目、应交销项税科目和销售退回科目，则先在选项中选择设置的依据，再在此处设置具体科目（销售收入科目和销售退回科目可以相同）。操作与控制科目设置类似。

⑤ 结算方式科目设置：单击"增加"按钮，并参照选择现金结算的入账科目为"库存现金"；普通支票、委托收款的入账科目为"银行存款/工行人民币存款"，参照选择账号。

（2）应付款初始设置

展开导航区"业务工作/财务会计/应付款管理/设置"菜单树，双击"初始设置"进入"初始设置"界面。应付款管理与应收款管理的初始设置方法类似，即设置控制科目、缺省科目、账龄区间等。

不同的是，应将应收预收科目改为应付预付科目，将收入科目改为采购科目、将销项税额科目改为进项税额科目等；产品科目可只设置原材料的相关存货项目，因为成品类的存货项目不需要采购（由该公司生产）。

五、期末处理

如果当月业务已全部处理完毕，则需要执行"月末结账"操作。只有当月结账后，才可以开始下月工作。进行月末处理时，一次只能选择一个月进行结账；如前一个月没有结账，则本月不能结账；结算单还有未审核的，不能结账；如果选项中选择单据日期为审核日期，则应收单据在结账前应该全部审核；如果选项中选择"月末全部制单"，则月末处理前应该把所有业务生成凭证；年度末结账，应对所有核销、坏账、转账等处理全部制单。在执行月末结账功能后，该月将不能再进行任何处理。

第五章 大数据背景下计算机信息技术在教育领域的应用

如今，计算机信息技术在被广泛应用于财务、教育、通信等各个领域，并推动社会信息化的深入发展。计算机信息技术在教育领域的应用尤为突出，已成为开展教育教学活动的良好工具，也是智慧教育发展的重要基础。

第一节 信息技术教育应用的理论基础与发展趋势

一、信息技术教育应用的理论基础

教育信息化是教育发展的必然趋势，要推进教育信息化可持续性发展，需适当借助信息化教学环境（特别是网络教学环境）这一有利条件。信息技术与课堂教学深度融合，是教育改革成功的关键。为了保证信息技术与课堂教学深度融合的顺利进行，我国学者在结合传统学习理论的基础上，对信息化环境下的教与学理论方面进行了探索和研究，并总结出以下几个方面的理论：

（一）数字化学习理论

数字化学习理论的研究者以华南师范大学李克东教授为代表。20世纪90年代以来，李克东教授积极探索数字化学习理论，凭借多年的经验，在实践中总结出数字化学习要重视信息技术与课程的整合，并以核心问题为依据，创立了一套健全、高效的数字化学习理论。数字化学习理论的内容主要包括以下几点：

1. 数字化学习的内涵

数字化学习是数字时代的一种新型学习方式，指的是使用网络和相关数字设备来进行学习。数字化学习包括数字化学习环境、数字化学习资源和数字化学习手段三个要素。

（1）数字化学习环境

通常情况下，由网络和以计算机为代表的信息技术组成的学习环境被称为数字化学习环境。多设备信息显示、网络化信息传输、智能化信息处理和虚拟化教学环境是它的基本特征。一个完整的数字化学习环境包括信息技术设施、网络平台、学习工具等。它们在数字化学习环境中发挥着各自的功能。

（2）数字化学习资源

数字化学习资源主要包括数字音频、数字视频、数据库、多媒体课件等。与传统的学习资源相比，数字化学习资源形式更加多样，有图片、音频、视频等各种各样的呈现方式，能提高学生的学习兴趣。具体而言，数字化学习资源的特征主要是多媒体性、交互性、远程共享性等，这决定了数字化学习具有随意性、交互性、多层次性和可操作性的特点。

（3）数字化学习手段

数字化学习手段具有以下几个特点：数字化学习充满个性化的色彩，可以使学生的需求获得充分的满足；学生围绕着特定的问题或主题开展学习；学生在学习过程中可以利用信息化工具与其他同学交流。

2. 数字化学习的关键因素

学生是学习的主体，也是实施信息化学习的关键因素。学生只有将信息技术作为自己获得学习资源、解决学习过程中遇到的问题的重要工具，才能充分利用信息技术，使信息技术发挥应有的作用。

3. 对数字化学习模式的探索

我国学者在对数字化学习理论展开研究的同时，根据自己的教学实践经验，对数字化学习模式进行了深入探索，总结出基于课堂讲授的情境探究模式、基于校园网的主题探索—合作学习模式、基于互联网的专题探索—网站开发模式、基于互联网的小组合作远程协商模式等数字化学习模式。这些探索为数字化学习模式的发展奠定了基础。

（二）协同学习理论

近年来，华东师范大学祝智庭教授领导的学术团队在协同学习理论方面做了许多探索，也获得了一些研究成果。协同学习理论建立在对传统学习技术系统进行深刻、剖析的基础上。祝智庭教授及其团队认为，现有学习技术系统具有一定的局限性，主要体现在以下五个方面：① 在交互层面，学生与学习内容之间缺乏有效互动；② 在通信结构层面，没有合适的信息聚合机制将学习信息聚合在一起；③ 在信息加工层面，不具有群体思维操作；④ 在知识建构层面，缺乏分工合作，也缺乏整合工具；⑤ 在实用层面，系统中的信息、知识、行动等诸要素之间没有形成有机联系。

在对现有学习技术系统进行深入反思和研究后，祝智庭教授及其团队提出了全新的学习理论——协同学习理论。下面对协同学习理论进行简要论述。

1. 协同学习的概念

协同学习是一种对学习技术系统中的各组成要素进行协同、整合，以参与学习者互相帮助、支持、相互学习为基础的学习方式。协同学习实现了对学习技术系统框架的突破。

从本质来看，协同学习与以往强调的合作学习之间具有明显的区别。普通的合作学习大多指的是组织学生在学习上互帮互助，以获得最优的学习效果；协同学习主要强调的是学习系统各要素之间的协同与整合。

2. 协同学习的多场作用空间

协同学习系统引入了"场"这一动力学概念。也就是说，在主体—客体的认知关系中，把人类的认识、实践活动等有机地结成一个大系统——"学习场"。

构成学习场的作用域有五个，即信息场、知识场、情感场、行动场和价值场。前四种场，是传统教学目标分类（即认知、情感和动作技能三类教学目标）的衍生，而价值场则是一种系统导向和终极追求。五个场既是学习的目标，又是实现目标的途径。

3. 协同学习的发生机制

简单地说，多场协同、个体与群体的信息加工以及知识建构就是协同学习的发生机制。五个学习场的工作分工是：① 信息场和知识场主要负责为知识创新提供便利；② 情感场主要提供产生和维持学习行为的动力，推动知识的协同加工，协调整个学习过程；③ 行动场为活动展开、行为表现和智慧生成构建了相应的区域，让学习获得延伸；④ 价值场的价值是通过集体和个人的各种观念和规范得到发挥的。价值场表征个体和群体在学习过程中的基本取向与追求，在主体对客观事物做出行为反应时发挥作用。

运用协同学习，学生能够能动地整合情感、知识、行动和价值等各个层面的因素，能够让个体和群体以内容为中介实现一定的信息加工及深度互动，进而实现高层次的知识建构。

祝智庭教授及其研究团队延伸了协同学习理论，在协同学习的基础上又建立了"协同学习系统元模型"。协同学习系统元模型是对协同学习的具体化分析，是在协同学习理论基础上形成的新型学习技术系统，同时也为数字互动课堂提供了全新的协同学习模式，使学生有了新的学习思路和学习方向。

（三）移动学习理论和 TEL 五定律

北京师范大学教授黄荣怀教授带领团队在"移动学习理论"和"TEL 五定律"研究方面取得了一定的成就。

黄荣怀教授及其团队以"移动学习"的概念为导向，指出移动学习的内涵分为以下三种：① 移动学习是借助便捷设备开展的学习，同时也是发生于特定情境里的学习；② 移动学习具有综合性特征，是能够结合多种学习方式的学习；③ 移动学习不应当限制于小屏幕输送或呈现内容，也要关注高效学习流程执行的驱动。

黄荣怀团队在充分探究、分析了国际上 30 余个与移动学习有关的项目和活动后，提出了极具创新精神的"移动学习活动设计模型（MLADM 模型）"，并对影响这一模型的六个相关因素做了详解。这六个因素分别为：需求分析、聚焦学生、学习场景设计、提供必要的技术环境、约束条件分析和学习支持服务。在此基础上，他们还运用了大量国际知名移动学习项目的实际学习活动案例进行论证。

在运用技术支持学习方面，黄荣怀教授及其团队的研究内容为以下几点：

1. 学习情景

学习情景是一种整体上的描述，描述的对象是一种或者多种学习事件或学习活动。所有的学习情境都是由四个基本要素构成的，这四个要素分别是学习者、学习时间、学习地点和学习活动。如果再对学习活动进行细分，就可以将其分为学习方法、学习任务等。一般来说,学习情景可分为个人自学、课堂听学、研讨学习、边实践边学和从工作中学五种。

2. 有效学习活动

一般,把学生能在限定时间内完成学习任务、达成学习目标的学习活动称为有效的学习活动。要顺利开展有效学习活动,需要做到以下几点:以真实的学习问题为出发点开展学习活动;以学生的学习兴趣为动力;以学生在活动中获得的体验为外显行为;以分析性思考为内隐行为;以指导和反馈为外部支持。

3. 促进学习

在掌握有效学习活动的基本内容后,就要把技术真正用于促进学习(Technology Enhanced Learning,TEL),并保证实施效果。黄荣怀教授及其团队根据要求提出了需要满足的五定律,简称 TEL 五定律,包括数字化学习资源、学习管理系统、虚拟学习社区、设计者心理、学习者心理。TEL 五定律的具体内容包括以下几个方面:

① 资源,即如何吸引学生自觉浏览或查阅相关数字化学习资源,并提供具体的证据证明这一方法的教学效果优于面对面授课。黄荣怀教授及其团队基于这一点提出了五个基本要求,即内容必需、结构合理、难度适中、媒体适当和导航清晰。

② 环境,即如何确保学生能够在虚拟的学习环境里十分流畅、不受限制地进行交流、沟通,并且能够获得优于现实环境的交流效果。黄荣怀教授及其团队基于这一点提出了需要满足的条件,包括实现群体归属、个体成就和情感认同等。

③ 系统,即保障教师通过学习管理系统能够掌控学生的学习过程,并对学习过程进行有效管理。黄荣怀教授及其团队基于这一点提出了四个条

件，即过程耦合、绩效提升、数据可信和习惯养成等。

④ 设计，即确切地把握教师的心理需求，做出教师需要和渴望的内容，这是设计成功实施的要点。所以，课程资源、学习支撑平台、管理信息系统等的设计要从教师需求的角度出发。

⑤ 用户，即学生在遇到学习困难时不一定会向教师求教，教师"守株待兔"式的辅导通常是失效的。所以，需要教师主动帮助学生解决疑难问题。

在信息化环境下，TEL五定律对教学领域的教学设计人员和学习组织者具有理论和实践方面的指导意义。

（四）混合式学习理论

20世纪90年代初，信息技术迅速发展，数字化学习风靡全球，美国教育界曾对"有围墙的大学是否将被没有围墙的大学（网络学院）所取代"这一问题展开了激烈的辩论。在20世纪90年代中期以前，辩论双方都坚持自己的意见，无法分出胜负。这场辩论不但在美国引发了较大的关注，而且在国际教育领域也备受瞩目。专家学者们分成两派，一派支持传统教学，另一派支持数字化学习。不过，在经过实践教学的检验后，国际教育界，特别是美国教育界清晰地认识到数字化学习是无法取代传统教学的，但是它对传统教学的影响是很大的，它可以改变课程教学的目标和功能。这为混合式学习概念的提出与流行奠定了基础。同时，我们在反思建构主义在教学中的应用的过程中，渐渐意识到虽然建构主义理论能够解决许多传统教育无法解决的问题，但不能有效解决教育的所有问题。理想的教学理论不是一元化的，而是多元化的。也就是说，在教育教学活动中，既需要数字化学习，也需要传统教学。

在这种形势下，有人提出了混合式学习的概念，即在教学中应当将各种学习方式结合起来使用，如在使用传统学习方式的同时，也利用PPT、音频、视频等促进学习。

自从混合式学习的概念提出后，国内外许多教育专家与学者都对其进行了探索，综合来看，对混合式学习的理解主要包括以下内容：

混合式学习要求用适合学生学习的技术来满足不同个体对学习的需要，这一学习概念强调实现教学的理想化，注重知识传授的内容和时间安排。混合式学习的常见混合形式有离线学习与在线学习的混合、结构化学习与非结构化学习的混合、自主学习与协作学习的混合、常规性学习与定制性学习之间的混合等。

混合式学习应当具有以下三个方面的含义：① 传统学习与新型的在线学习之间的混合；② 学习过程中各种教学方法和教学技术之间的混合；③ 学习环境中各类媒体与学习工具的混合。

混合式学习是各种教学目标、教学方法、教育技术、实际工作任务的结合，不仅各个部分是混合的，其中任意一个部分的各种细分内容也都是混合的。

尽管上述各种定义在文字表述上或内涵上有一定的差别，但都具有一个共识——学习不是一蹴而就的，而是一个连续的过程。与单一的教学方式相比，混合式学习的优势会更加明显。教师在面对不同的教学内容时，应当采取不同的混合方式来进行教学。

（五）教学结构理论

从20世纪80年代到现在，我国各级各类学校进行过各种教学改革。在教育工作者的努力下，教学改革取得了一定的成果。然而，如果根据实际的教学效果来衡量，在少数地方，一些学者、专家提出的改革并未给教育、教学领域带来实质性的突破。实际上，一些改革的内容局限于对书本内容的增删和替换，也包括使用更新颖的教学手段和方法等，但仅停留在教学改革的表层，还没有触及教学结构的改革。

究其原因，教学内容、手段和方法的改革属于形式上的改革，而要改革教育思想、教学观念、教学理论和学习理论等深层次的问题，需要在改革教学结构的前提下进行。只有这样，教育思想、观念、理论改革才会真正得到重视，并在教学改革上取得重大进展。

教学结构的本质决定了教学结构改革是教育改革的重中之重。简单来说，教学结构指的是在教育思想和教学理论的指导下，在一定的学习环境中进行教学活动的具有稳定性的教学形式，也是教学过程中教师、学生、教学媒体和教学内容之间相互作用的一种体现。简而言之，教师的教育思想、教学观念、教与学理论都是由教学结构决定的，教学结构的改革比教学方法和教学观念的改革更加重要。

教学结构的主要特性包括依附性、动态性、层次性、系统性和稳定性。教学结构的基本类型包括三种：第一种是传统的将教师作为教学中心的教学结构，这种教学结构在我国的教育教学中占据主导地位；第二种是把学生看作教学中心的教学结构，这种教学结构在西方各国教育教学中受到普遍推崇；第三种是以教师为主导与以学生为主体的教学结构的结合，这种教学结构吸收了前面两种结构的优点，是一种新型的教学结构。

虽然以教师为中心的教学结构在我国拥有十分悠久的发展历史，但以教师为中心的教学结构已然不能满足教育信息化时代对人才的培养需要。因此，创建既能够发挥教师在教学中的主导地位，又能保证学生的主体地位不受影响的主导与主体相结合的教学模式，显得尤为关键。

二、信息技术应用在教育领域的发展趋势

（一）虚拟教育

虚拟教育可以不受时空的限制，在任何地点、任何时间为学生提供教学课件和虚拟教室。相较于其他专业的学生，信息技术相关专业的学生对教育的虚拟模式更为热衷，他们希望创建更多的虚拟教育模式，促进信息技术教育的多元化。对信息技术相关企业来说，他们想要获得业务上的拓展和收益上的提升，就不得不持续让其员工和客户了解新的信息技术知识。例如，微软公司、思科公司经常举办虚拟模式信息技术教育活动（如基于Web的CCNA、CCNP课程学习）。可以预见的是，未来会有更多的企业和大学教育的代理机构组织开展虚拟教育。

当社会中的企业或机构都开始朝着信息化的方向发展时，信息技术的重要性就进一步凸显出来。企业或机构的员工都需要接受一定的信息技术教育，虚拟教育机构能够为员工提供其需要的信息技术教育，并能够不受时空等客观条件的制约，为信息技术教育的开展提供便利。虚拟教育机构能提供丰富的教育内容，从而开展虚拟课堂，促进虚拟自学。在开展虚拟教育的过程中，计算机可以为学生提供丰富的学习资源。学生在完成不同的学习任务时，需要不同的学习资源，计算机课件能够满足这一要求。随着虚拟教育的深入发展，未来的计算机课件内容会更加丰富，形式也会更加多样。

在许多学科领域，充分实现知识获取的自动化是非常困难的。但在信息技术领域，教师能较好地使用课件为教学服务，学生能够独立使用课件，也能够在课堂上和其他同学共享课件。在课堂学习中，师生之间、生生之间的交流能够使教师和学生获得更多的启迪。虚拟课堂以先进的信息技术

为基础，支持小组范围的同步或异步活动，最简单的应用方式是提供在线方式的练习、回答与使用电子公告板进行讨论。虚拟课堂能够帮助教师更加有序、高效地管理学生的作业，和学生开展更加充分的交流。如果缺乏信息技术，这些活动几乎不能实现。

对一些学习者而言，他们在传统课堂学习中存在着或多或少的困难，虚拟课堂则显得更加便捷，对其更为适用。比如，全职工作者没有充裕的时间去传统课堂进行学习，如果他们希望获得更多的知识与技能，虚拟课堂就是很好的选择。

（二）机器人教育

随着信息技术的不断发展与信息技术教育应用领域的扩大，人们已经渐渐意识到，在信息技术教育应用中融入机器人元素已成为一种趋势。运用教学机器人开展教育，可以进行机器人辅助教学、机器人管理教学或机器人主持教学等，这些都将是机器人教育的重要应用范畴，运用机器人开展教学将会大幅提升信息技术教育的活力。

机器人教育分为理论教育和实践教育两个方面。机器人理论教育指的是学习与机器人相关的理论知识，以及利用机器人进行理论知识的学习。机器人实践教育可以理解为利用机器人开展实践教学活动。在实际教学中，应当对理论教育和实践教育进行选择或将二者搭配使用，各有侧重。

实施机器人教育具有较高的价值。第一，机器人教育不仅能够拓宽学生的知识面，还能让学生接触到更加前沿的知识。第二，利用机器人开展教育、教学，可以对教学方式进行优化，使教学过程更加智能化，可以有效地节省时间，促进教学效果的优化。因此，在教学中开展机器人教育或利用机器人开展教育活动都能够促进教育教学的发展。

机器人教育是一种较为先进的信息技术教育形式，它强调对人工智能技术的应用。机器人教育与信息技术教育互为表里。一方面，人格化、物质化、智能化地利用人工智能技术，是机器人教育的基础。另一方面，人工智能技术是信息技术发展的一次重大突破。机器人教育必然成为信息技术教育的重点，普及机器人教育，有助于实现教育领域的全方位创新，从而提高教育质量。

机器人辅助教学强调的是将机器人作为一种教学工具来开展教学活动。在机器人辅助教学中，机器人可以扮演的角色包括教师、学习伙伴、学习助手等。机器人扮演不同的角色，就会承担与角色相对应的任务，并发挥不同的作用。机器人在扮演教师的角色时，可以像一个学识渊博的教师一样，为学生答疑解惑，对学生的学习进行指导。教学机器人的资料来源于网络，其巨大的知识储备量是教师无法比拟的。机器人在扮演学生的学习伙伴的角色时，可以与学生进行良好的合作与平等的竞争，与学生一起学习与分享，提升学生的合作能力与水平。另外，机器人还可以帮助学生做课堂笔记，能够高速、便捷地对知识进行数字化编码，并将这些知识存储在电脑数据库中，在学生要运用这些知识时，机器人能够快速地将知识调出。机器人在扮演学习助手的角色时，能帮助教师搜集其需要的备课资料，为教师开展教学科研活动提供帮助。

机器人本身具有高速的数据处理功能，能够帮助教师快速处理数据。机器人具有强大的信息过滤与净化功能，能够帮助教师排除教学中的各项干扰，提高信息传播的质量。同时，机器人还能为学生的阅读、思考、体验等学习活动提供帮助。机器人能够让学生对学习产生更浓厚的兴趣，提升学生的学习积极性。学生还可以与机器人之间进行人机对话，利用机器人了解自己在学习中存在的问题，查漏补缺，不断完善自己的知识结构，以获得更好的学习成绩。机器人还可以为学生综合运用所学知识提供合适的平台，让学生有机会运用自己所学知识，以巩固知识、理解知识、运用知识。总之，机器人作为学习助手，既需要帮助教师，也需要帮助学生，能够为教师的教与学生的学都提供很大的帮助。

　　当然，机器人辅助教学并非无所不能，人们应当清晰地认识到，它也有一定的不足之处，会产生一些不良影响。我国机器人教育的发展还处于起步阶段，教育工作者应当抓住教育改革发展的契机，采取有效措施，促进我国机器人教育事业的发展。

第二节　信息技术与课程整合

信息技术不仅改变了人们的生活方式，还创新了人们的学习方式。信息技术已经不再仅是一种单一的教学辅助工具，而是已发展成为一种认知工具，尤其是帮助学生自主学习的认知工具。因此，在开展教学活动的过程中，应当多运用信息技术，并实现信息技术与课程之间的整合，让教师的教与学生的学都能够得到信息技术的有效支撑。

一、信息技术与课程整合概述

（一）信息技术与课程整合的内涵

信息技术与课程整合源自西方课程整合的概念。从理论上讲，课程整合意味着对课程结构、课程内容、课程目标、教学设计、教学评价等课程的各个要素进行系统的考量与操作，也意味着从整体的、关联的、辩证的视角来看待、探索教学过程中不同教育因素之间的关联。在系统科学的思维方法论方面，整合表示为两个或两个以上较小部分的事物现象、过程、物质属性、关系、信息、能量等，在符合客观规律或符合一定条件要求的前提下，凝聚成一个较大整体的发展过程及结果，即因系统的整体性及其在系统核心的统摄、凝聚作用而使若干相关部分因素合成为一个新的统一整体的程序化过程。教育界通常用"整合"这一词语来表示整体综合、渗透、重组、互补、凝聚等意思。

目前，信息技术与课程整合的观点主要包括大整合论和小整合论两种。大整合论的观点主张把信息技术融于课程整体里，对课程的内容与结构予以革新，变革整个课程体系。大整合论把课程看成一个较大的概念。而小整合论则将信息技术与课程整合等同于信息技术与学科教学的整合，主张把信息技术作为一种工具、媒介和方法融入教学准备、课堂教学过程和教学评价等各个方面之中。小整合论把课程等同于教学，这种观点是目前信息技术与课程整合实践中的主流观点。

（二）信息技术与课程整合的本质

在当今的教学过程中，积极推动信息技术与课程的整合，既是培养社会所需要的高素质人才的有效方式，也是教学改革的重要方向。信息技术对课程的影响是巨大的，对信息技术与课程进行整合，会使课程的目标、结构、内容等方面都发生重要的变化。信息技术与课程整合之间的关键点在于怎样利用信息技术来对课堂教学进行优化，以高质量地完成教学目标、传授教学内容、提升学生的信息素养和能力。

学生、教师、教学媒体和教学内容是教学系统的四个要素。在传统的教学结构中，教师作为知识传授的中心，在教学过程中具有绝对的权威，而学生只能被动地接受知识；信息技术等教学媒体只是协助教师开展教学活动的工具；教材是学生获取知识的唯一途径；教师和学生并未真正融入课程。

虽然以教师为中心的教学结构具有很多突出的优势，如有助于体现教师的主导作用，然而这种教学结构也存在明显不足，尤其是它忽视了学生的主体地位，束缚和限制了学生发散性思维和主观能动性的发挥，不利于培养学生的创新精神和创新能力。为了满足培养创新型人才的需要，必须对以教师为核心的传统教学结构进行变革，形成以教师为主导、以学生为主体的教学结构。在这种教学结构中，教师的主导地位和学生的主体地位都能得到保障。教师在教学中不再占据核心地位，而是教学的组织者、学生学习的指导者和帮助者，教师的作用是鼓励、指引学生开展更好的理论学习和实践学习；学生在学习活动中有更多的自主性；教师和学生成了课程的有机构成部分，他们在教学活动中共同发展和进步。在这种教学结构中，学生作为信息的加工者与知识的构建者，对教学质量具有重要影响。

信息技术等教学媒体既要辅助教师的教学，又要促进学生的自主学习，成为学生合作交流的工具，成为学生自主探究、学习科学知识的认知工具，为学生的学习和发展提供丰富多样的教育资源，更要创设能引导学生主动参与的教育环境，激发学生的学习热情，培养学生把握与运用知识的技能，让每位学生都能获得全面发展。这有赖于信息技术与课程整合所营造的信息化教学环境，以及由此形成的新的教与学的方式，它们会指引学生根据已经掌握的知识、经验积极地探索新知识，同时也能够为教师开展教学活动注入新的活力，运用丰富多样的形式呈现教学内容，促进学生的学习方式、教师的教学方式以及师生互动方式的变革。简单来说，信息技术与课程整合的本质就在于改变传统的教学结构，重新构建起能够发挥教师主导作用、保障学生主体地位、具有创新性的教学结构。

（三）信息技术与课程整合的原则

简单来说，信息技术与课程之间的整合就是对各类现代化的信息技术与不同的学科课程进行有机整合，创设出更有利于学生进行自主学习的环境，进一步激发学生的学习兴趣与积极性，进而获得良好的学习效果，实现培养学生创新能力的要求。不过，需要注意的是，信息技术与课程之间的整合不是将信息技术简单地运用到学科课程中，而是应当辩证地认识到信息技术具有的优点与缺点，并明确各个学科的教学要求，找到信息技术与学科课程之间的契合点，让学生能够运用信息技术实现学习目标，达到理想的学习效果。综合来看，要想达到上述要求，就需要在进行信息技术与课程整合时遵循以下几项基本原则：

1. 以先进的教育理论为指导

先进的教育理论具有重要的价值，可以为信息技术和课程整合提供指导。但教育理论并不具有普适性，任何一种理论都有自己存在的价值与意义，不能被其他任何一种理论完全代替。因此，在信息技术与课程整合的过程中，教师应根据教学对象、教学内容、教学媒体和课程整合的实际需要，兼顾各种先进的教育理论的合理成分，正确选择和灵活运用教育理论。

例如，行为主义学习理论可用于指导机械性的知识记忆或训练性的教学活动；认知主义的学习理论主要用于激发学生的学习兴趣，使学生保持学习动机；建构主义学习理论强调的是为学生构建一个有利的学习空间，让学生可以利用先进的信息技术进行自学。因此，在信息技术与课程整合的实践中，教师一定要选择合适的学习理论，以有效指导学生的学习。

2. 根据学科特点构建教学模式

每一门学科都具有自己的特点，这对学生的学习也提出了不同的要求。在信息技术与课程整合的实践中，不仅应当遵循一些相同的课程整合原则，还应当采用适合不同学科特征的整合策略，应根据学科课程的特点构建科学、合理的教学模式。

3. 根据教学对象选择整合策略

由于学生个体之间存在一定的差异性，因此在开展信息技术与课程整合的过程中，应当根据这些差异来实施不同的信息技术与课程整合的策略。只有开展具有针对性的教学，才有可能获得理想的教学成果。例如，一些学生在自主进行信息加工和处理的时候，常常会感到比较困难，他们就需要教师给予明确的指导，然后根据教师的指引进行学习。再如，有一些学生更习惯、擅长独立自主地进行学习，面对这样的学生，教师可以为他们指明学习的方向，并且在他们需要时给予及时的帮助。

4. 运用教学并重的教学设计方法

教学设计主要有两类：一类强调教师的教，另一类强调学生的学。这两种教学设计方法各有优缺点，比较理想的方式就是整合这两种设计方法，充分发挥这两种方法的优势。这样既可以发挥教师在教学中的主导作用，又可以体现学生在学习中的主体性。进行信息技术与课程整合时，要将这两种方法结合起来进行教学。

5. 协作学习与个性化学习的和谐统一

信息技术的发展与普及为教学活动的开展提供了很大的便利。在进行信息技术与课程整合的过程中，要注意做到协作学习与个性化学习的统一。教师在教学中可以组织学生使用同一种信息技术软件开展协作学习，也可以让学生根据自己的需求与喜好选择不同的软件开展自主学习，以满足学生的个性化学习需求。

（四）信息技术与课程整合的目标

1. 提高教学质量

信息技术与课程整合的首要目标是对教学的整个过程进行优化，从而提高教学质量，提升教学效果。在传统的教学活动中，教师是教学的中心，学生只是被动地接受教师传授的知识。在信息技术与课程整合后，学生不必被动地接受教师传授的知识，而是可以利用信息技术主动进行知识的探索与学习。另外，教师利用各类信息技术来开展教学，可以提升教学过程的趣味性，让学生对学习产生兴趣，从而提升教学效果。

2. 培养学生的信息素养

信息素养是指人们应用信息技术以适应信息社会的能力，是通过教育培育的能力，也是在信息社会中获得信息、利用信息、开发信息的素养与能力。

培养学生的信息素养也是信息技术与课程整合的主要目标之一，主要包括以下几个方面：第一，培养采集信息、获取信息的能力；第二，能够综合运用信息分类、信息综合、信息纠错等方式来对信息进行分析；第三，要对信息进行加工与处理；第四，要合理地运用加工、处理过的信息。

3. 使学生掌握信息时代的学习方式

信息时代，学生的学习方式出现了明显的变化，学生的学习并非完全依赖教师对知识的讲解和自身对课本的学习，而是通过借助信息化平台与数字化资源，师生之间针对知识进行积极商讨，开展合作学习，以探究知识、发现知识、创造知识、展示知识的方式进行学习。因此，信息技术与课程整合能使学生掌握信息时代的学习方式。比如，学生进行学习时，可以利用信息技术自己查找资料，还可以利用信息技术与他人交流、沟通等。

4. 促进教学改革与素质教育的发展

信息技术与课程整合对教学改革目标的实现有重大意义。各级各类学校进行教学改革的共同目标是改变以往将教师作为教学核心的教学结构，构建能够发挥教师主导功能也能够显示学生主体地位的教学结构，为进一步培养社会需要的创新型人才做好准备。

信息技术和课程整合为新型教学结构的构建提供了优良的教学环境，推动了教学改革目标的达成。素质教育旨在使受教育者获得全面发展、个性发展，培养他们的创新精神和实践能力，使他们成为创造型人才。要想促进教学改革目标的实现，就要充分发挥信息技术的优势。在教学过程中，教师要充分发挥信息技术的作用，将信息技术和课程整合作为着眼点，促进素质教育和教学改革的发展。

二、信息技术为课程整合的原理

信息技术与课程整合是指在课程教学实践活动中把课程内容、信息技术、学习资源、教学方法、人力资源等有机结合起来，共同完成课程教学目标的一种新型教学方式。

信息技术与课程整合意味着在已有课程的教学和学习实践活动中，合理地借助信息技术工具，促进信息技术和学科课程的充分融合，以高效完成课程目标，培养学生的创新精神和锻炼学生的实践能力。信息技术与课程整合促进了传统教学模式的变革，能够拓宽学生获取知识的途径。

相关研究成果显示，课程整合的面非常广泛。从结构的层面来说，课程整合可以分为横向结构整合、纵向结构整合以及内在价值整合三部分。从过程的层面来说，课程整合又可以分为经验整合、知识整合、社会整合等。人的学习具体可分为知识学习、经验学习、文化价值学习。因此，信息技术与课程整合就需要分别处理知识之间的关系、经验之间的关系、个人与社会之间的关系及课程与社会文化之间的关系等。这就决定了信息技术与课程整合有知识的整合、经验的整合、价值的整合以及课程研制的整合四个基本原理。

（一）知识的整合

学生学习知识，主要分为单一科目知识的学习、不同科目之间联系性知识的学习和区别于科目知识的新知识的学习这三种。知识需要学以致用，学生在运用知识解决实际问题的过程中，常常会遇到一些比较复杂的问题，需要运用综合性的知识。因此，学生需要掌握多科目的知识。而有些问题存在于学科知识体系之外，要想解决这类问题，就需要学生运用一些新的知识。因此，学生需要具备自主学习新知识的能力。

从信息文化的角度来看，信息技术和课程整合的内涵较为丰富，至少包括以下三方面：

① 作为课程的信息技术自身的知识整合，这里的整合既包括课程内部和课程之间的知识整合，也包括信息技术课程本身与课程知识之间的联系与沟通。

② 将各类信息技术看作一种辅助媒体，弱化各个学科之间的界限。在信息技术的支持下，将各学科的知识放置在一个虚拟的情景中，揭示不同学科知识之间存在的关联，让学生明确不同学科知识之间的联系性。

③ 积极、充分地利用各类信息技术进行新知识的学习与探索，帮助学生提高学习新知识的能力。

（二）经验的整合

这里的经验特指学习中的经验，强调学生在学习过程中，与其所处的学习环境之间的相互作用。学生获得的学习经验，应当是在学习环境中积极、主动地获取的，而不是在被动的情况下获取的。在传统教学活动中，教师是教学的主体，学生获取的知识基本来自教师的传授，学生很难独立获得学习经验。这样获得的知识不够深刻，学生掌握知识的情况往往也不理想。学生只有经过自己的探索与学习，形成自己的学习经验，才能加深自己对知识的理解与认知，对知识的掌握才会更加牢固。

经验学习主要有三种途径：转化、同化与顺应。转化指的是对教育内容和学生的学习环境进行融合，创造出有利于学生学习的新环境，让学生在新的学习环境中获取学习经验。同化是指个体在面对新的刺激情景时，将新的信息或经验整合到已有的心理图式或认知结构中，从而丰富和加强原有的认知结构。顺应，就是能动地对已有的经验进行重新组合，形成新的心理图式，以应对经验世界变化的情境和问题。

信息技术与课程经验的整合原理包括空间的整合、时间的整合和时空统一的整合。

首先，空间的整合指的是在开展教学活动的过程中，要积极利用信息技术来为学生创造新的学习环境。信息技术只是一个创造学习环境的工具，教育内容才是与学生的学习环境进行融合的主体，教学内容要具有时代价值，只有这样，创造出的新环境才具有时代性，才能满足学生学习的实际需求。

其次，信息技术与课程经验在时间上的整合指的是，学生在学习中积极利用各类信息技术获得新的学习经验，将这些新的学习经验与学生原本已经有的旧的学习经验进行融合。

最后，要实现信息技术与课程经验之间的时空整合，学生既需要在整合新旧学习经验的基础上，促进已有经验的再组织，又需要主动寻找和应对外在的新问题情境，将源于外部空间的新经验整合到内在的经验系统之中，这就是时空统一的整合。

信息技术与课程经验的整合需要通过各类学习活动来实现，这些学习活动包括课堂学习、合作学习等。学生在不同的学习活动中，能够实现对新旧学习经验的整合。

（三）价值的整合

学习的内容既包括知识的学习，也包括经验的学习，还包括价值的学习。价值学习的过程与价值认知的过程具有一致性，都分为价值感知、价值理解和价值体验三个阶段。每个人价值观的形成与发展，都离不开这三个阶段。价值观的特性有很多，如主观性、发展性、稳定性等，它实质上是主体对客观事物按其对自身及社会的意义或重要性进行评价和选择的标准。也就是说，价值观是主体选择的结果，并且这种选择性是主动的，是在一定的选择范围内开展的，做选择的过程是一个认真思考的过程。所以，从根本意义上来说，价值的整合建构了价值学习的自由选择机制，这种选择机制必须贯通学生的价值认识、价值理解和价值体验的全过程。

在教育和课程领域，价值的整合包括在民主化背景中对多元价值的整合，它可以分为两个层面。

第一，个人自身关系中"体、知、情、意"价值的整合。这涉及个人的生理与心理价值的关系、生理的各个方面的关系，以及心理的"知、情、意"之间的关系。理想的目标是个人的身心及其各个组成部分和谐而自由地发展，理想的模式是"全人教育"。

第二，社会中个人与群体的关系中所具有的多元文化价值的整合。这些多元文化价值主要包括全球文化和民族文化、传统文化和现代文化、俗文化和雅文化等。比较理想的目标状态是实现多元文化的共存，比较理想的教育模式是通识教育。

教育和课程应当使不同背景、不同经历的学生都能获得优质的学习经验。信息技术和课程价值的整合主要包括三层含义：第一，在教育课程体系中，要注意全面运用信息技术，让各类教育课程（德育、智育、体育、美育）都能够充分运用信息技术，打造一个现代化的学习环境；第二，利用信息技术打造的学习环境是虚拟的，学生在虚拟的世界中可以灵活地选择学习工具或学习内容，获得知识，完成价值的感知与理解；第三，在利用信息技术营造的虚拟学习世界中，学生可以不受时空的制约，开展丰富多样的社会实践活动，并获得价值体验。

在价值整合的实施中，还需要认识并解决一个比较重要的问题，即虚拟的学习生活和真实社会的实践活动之间的差异问题。少数学生在信息技术营造的虚拟学习环境中学习时，可能会沉迷于虚拟的世界中，对真实的社会实践活动丧失了兴趣，导致价值感知和价值体验的断裂。令人欣慰的是，这一问题虽然存在，但并不严重。从总体上看，虚拟学习对学生在真实世界的学习还是有促进作用的。因此，在利用信息技术开展教学实践活动，一定要强化虚拟学习对解决实际问题的促进作用，让学生既能够在虚拟学习环境中学习，又能够积极应对现实生活中存在的实际问题。在信息技术与课程整合的实施与开展中，既要培养学生对真实世界学习生活的兴趣，又要避免学生沉迷于虚拟网络中。

（四）课程研制的整合

信息文化和课程相互影响。一方面，信息文化可以在一定程度上促进信息课程的发展；另一方面，信息课程的发展又会对信息文化造成影响。课程与信息文化的融合能形成信息课程文化，上述的知识的整合、经验的整合、价值的整合都在为信息课程文化的产生做准备。信息课程文化的产生，需要在研制课程的过程中运用规划、设计、实施、评价等手段来实现。因此，可以将课程研制的整合理解为通过信息技术与课程的整合，创造信息化的课程文化。

课程研制是一个系统性的过程，是将课程设计融入教育教学活动的一系列过程。任何一个科目的课程研制都需要经过课程的规划和设计、实施、评价这三个阶段。一般来说，在进行课程规划和设计时，教师要确定目标、选定内容、确定组织形式，设计出新的课程方案；在进行课程实施时，教师要利用上一步设计的新课程方案进行教学，在教学中要综合运用多种教育活动形式，积极对学生进行引导，确保学生能够正确把握课程内容，使知识内化为学生自身的发展成果；在进行课程评价时，教师要注意构建信息化的课程评价体系，对课程设计与实施进行评价，以确认和推进信息化课程文化。

信息课程的研制与以往常规的课程研制有着显著的区别。在常规的课程研制中，学生并不会参与课程规划和设计过程，一般只是作为课程实施的对象参与课程研制，对课程评价的参与度也不高。但是，在信息课程的研制过程中，学生在各个环节都具有很高的参与度。在信息技术与课程的整合中，学生全程参与课程规划、实施、评价的各个环节，学生和教师都是课程研制的主体。这使得我国当前的课程研制中普遍存在的各级教育专家与一线教师、学生存在分离的情况得到了很好的改善。在较大范围内的课程研制中，应当以各类课程专家为主，以教师和学生为辅；在较小范围的课程研制活动中，教师和学生成为课程研制的主导者，各类课程专家主要起辅助作用。

三、信息技术与课程整合的方式

信息技术与课程整合要充分利用信息技术的突出优势来达到课程目标，培养学生的信息素养与创新精神。而要实现上述要求，就需要采取合理的信息技术与课程整合的方式。一般来说，信息技术与课程整合的方式主要有以下几种：

（一）将信息技术作为学习对象

将信息技术本身作为学习对象是信息技术与课程整合最基础的方式。我们可以从以下三个方面来理解这一层含义：首先，学习信息技术的相关知识，将信息技术当作一门具体的学科进行学习，明确信息技术的基础原理、主要构成、运行原理等方面的内容。其次，信息技术是为人类社会服务的，在社会中有广泛的用途，学生应当掌握信息技术的一些基本技能，以适应社会的要求。最后，信息技术的出现与使用对社会各大领域具有重要影响，学生要学习信息技术，就应当了解这些影响，以明确信息技术的巨大价值。

（二）将信息技术作为演示工具

将信息技术作为课程教学或实践教学中的演示工具，是信息技术与课程整合的常见方式。我国大多数高等院校都采用这种方式，任课教师借助各类信息技术灵活开展教学活动。例如，借用计算机辅助教学软件开展教学；利用多媒体制作软件制作多媒体课件；利用模拟软件或传感器对一些实验现象进行演示。这些都是为了更好地将教学内容展示给学生，帮助学生更好地理解教学内容。利用信息技术进行知识与内容的演示是具有选择性的，需要教师自己确定是否选择用信息技术和运用何种信息技术。若是不经选择，盲目地使用信息技术进行内容演示，是无法获得预期教学效果的。这一点需要教师格外注意。

（三）将信息技术作为交流工具

将信息技术作为交流工具，是指将信息技术作为辅助教学交流的工具，以实现师生之间的情感与信息交流。信息技术的发展使人们具有更加丰富、便捷的交流工具，如微信、QQ、电子邮箱等。教授相同学科的教师能够利用微信等工具组建一个讨论群，针对教学上的问题展开交流。学生自己也可以通过网络来组建兴趣小组，组织同学们进行兴趣交流，或是直接加入已有的兴趣小组中，与世界各地的青年学生进行学习与交流。例如，世界各国的学生可以利用互联网一起探讨全球变暖的问题，他们分工合作，收集当地气候变化的相关资料，并积极开展实地观测，然后将得到的数据上传至网上的数据库，实现信息的交流与分享，大家可以就这些数据各抒己见。学生可以通过网络积极。主动地与教师进行交流，让教师帮助自己解决学习中遇到的疑难问题。教师与家长之间同样也可以利用网络实现便捷交流。总而言之，信息技术提供的网络交流是非常便捷的，无论是学生、教师，还是家长，都可以通过信息技术与他人进行交流，得到自己想了解的信息。

（四）将信息技术作为个别辅导工具

随着信息技术的不断发展，大量的练习软件和学习软件被开发出来。学生可以积极利用这些工具来辅导自己学习，提高自己的学习成绩。在辅导过程中，软件的教学功能可以被看作智能化的教师。不同软件具有的功能不同，学生可以根据自己的实际情况来选择合适的软件，以弥补自己在学习中存在的不足。一般来说，这些软件提供的交互方式主要包括操练、练习、对话、游戏、模拟、测试等。学生在使用软件时，可以选择自己比较感兴趣的方式来实现交互。

（五）信息技术提供资源环境

以往，学生或教师获取资源的方式包括从书本获取、从实践经验中获取、从他人经验中获取等。信息技术的出现，使资源的获取变得更加高速、便捷，无论是教师，还是学生，都可以及时得到大量资源，这是信息技术提供资源环境的表现。学生的学习不再局限于书本知识上，思路可以进一步得到开拓，这样有助于扩宽学生的知识面。教师可以得到更加全面、前沿的信息，对他们备课、开展教学活动等都是非常有益的。多媒体百科全书光盘、数字图书馆、各类数据库等都是获取信息的重要途径。其中，多媒体百科全书光盘可以为教师提供形式多样的教学资料，数字图书馆可以提供更加全面的信息和内容，而各类数据库能提供本学科最专业、最前沿的信息。教师在运用这些信息开展教学活动设计时，要注意引导学生积极运用各类信息进行学习，帮助他们提升自主学习的能力，同时也要教会学生筛选信息的方法，让学生能够选择有益的信息，避免在寻找信息时浪费时间。

（六）将信息技术作为创设情境和开展发现式学习的工具

教师要让学生在特定情境中拥有真实的体验，帮助学生理解事物本身。信息技术的功能非常强大，利用多媒体集成工具或网页开发工具对一些学习内容进行加工处理，可以将其转化为数字化的学习资源，然后再根据教学实际情况创设对应的情境。在此过程中，信息技术就成了创设学习情境的重要工具。

在开展发现式教学的过程中，教师向学生传递知识的方式有别于传统的灌输式教育，教师会为学生创设一些问题情境，并为学生提供相关资源。学生在教师创设的问题情境中，利用已有资料或自己查找资料进行学习。信息技术在此过程中成为提供资源与查找资料的工具，教师也可以利用信息技术及时了解学生的学习情况。

在开展发现式教学的过程中，教师运用信息技术来创设学习情境，能够让学生感受到更加真实的情境，提高他们解决实际问题的能力。对学生而言，他们在利用信息技术创设的情境中思考与学习，能够近距离地接触真实的问题，这样也有益于他们的学习和成长。

（七）将信息技术作为信息加工的工具

信息技术具有较强的信息处理能力，教师可以在教学中指导学生合理利用信息技术对信息进行处理与分析。面对大量的信息，学生首先需要恰当地选择与整理信息，然后才能合理运用这些信息。这样能有效地提升学生的思考与表达能力。例如，教师可以布置一个教学任务——让学生介绍自己最想去的地方。在学生完成任务的过程中，教师可以知道学生利用信息技术来搜集、选择和使用了哪些信息作为自己的介绍内容。教师要注意观察学生在完成任务的过程中是如何处理信息的，如果学生在处理信息的过程中遇到难以解决的问题，教师应及时给予帮助。

将信息技术作为信息加工工具的途径有以下三种：

1. 专门的工具型教学软件

工具型教学软件本身并不能为教师提供相应的教学内容，它们只能作为工具被使用。教师利用这些工具可以对教学内容进行处理，解决教学中遇到的难题。例如，教师在开展数学教学的过程中，常常指导学生利用几何画板这一工具来处理图形信息。利用这个工具软件，学生能够绘制几何图形，对图形进行伸缩、旋转等操作。在对图形进行处理的过程中，学生可以自己进行探索，进而发现图形之间具有的内在联系，这能促进学生更好地理解知识。许多学科都有专门的工具型教学软件，不同科目的任课教师可以在教学过程中利用这类软件开展教学。

2. 一般工具软件

教师可以在教学中使用的工具型教学软件，除了刚才提到的专门软件，也有一些一般工具软件。这些一般工具软件包括文字处理软件、文稿演示软件、数据库等。例如，教师利用 PowerPoint 可以制作精美的电子教案，使备课过程变得更加轻松、便捷。教师可以在教授作文课时运用 Word，还可以让学生运用 Word 写作，这样有利于提高学生的写作效率。尤其在进行英文写作时，Word 具有的拼写与语法检查的功能能够发挥强大的作用。在开展自然科学课程的教学时，教师也可以让学生运用 Word 来撰写报告，这样能够有效地提高学生的写作效率；自然科学课程还常常涉及数据分析等方面的内容，数据库可以很好地处理这个问题。例如，在对中国的人口发展情况进行探究时，教师可以为学生提供一些诸如中国人口数量发展的数据资料，让学生利用数据库制作相应的图表，以便对中国人口发展的变化和发展趋势等进行分析。

3. 将计算机及其外接设备作为教学工具

将计算机及其外接设备作为教学工具。例如，在一些理科实验中，教师常常会用一些传感器来提升实验的便捷性。传感器可以对实验中涉及的各种变量进行精准测量，测量得到的数据可以被实时传送到计算机中。这些数据经过计算机分析、处理后，可以转为直观的图表信息，让人一目了然。例如，在一杯热水中插入一个温度传感器，传感器会测量水温的变化数据，并将这些数据快速地传递给计算机，计算机对数据进行处理后，能将水温的变化情况转为一条直观的温度曲线。利用传感器及计算机进行实验，不仅能够快速得到准确的数据，还能够提高实验的效率。

（八）将信息技术作为合作工具

计算机网络技术为信息技术与课程整合、合作学习提供了良好的技术基础和环境支持。在计算机网络技术的支持下，学生可以便捷地使用微信、电子邮箱、视频软件等与同学开展合作学习。综合来看，学生可以根据自己的需求来选择恰当的合作方式；教师也可以利用这些软件组织学生积极进行问题探究，合作解决学习中遇到的难题，增强学生之间的合作意识。

除了交流与沟通类的软件，PowerPoint、交互式电子白板也可以促进学生之间的合作学习。学生可以利用 PowerPoint 将课题制作成演示文稿，在课堂上与同学、教师一起交流，这是一种常见的合作学习方式。在课堂上进行讨论时，教师可以利用交互式电子白板将学生讨论的观点和信息记录下来，为后续的探究做好准备。交互式电子白板记录的信息可以做成相应的文件存储下来，便于后续查阅。不同类型的合作学习方式所需的信息技术各不相同。在实际学习中，应当根据实际需求来选择信息技术。

（九）将信息技术作为探索工具

教师在教学中培养学生的探索能力尤为关键。而依托信息技术的许多教学软件在一定程度上具有探索功能，学生利用这些软件可以有效提升自身的探索能力。例如，在中学数学中，学生利用几何画板可以自主地绘制几何图形；在遇到图形方面的问题时，学生可以自己利用几何画板来探索解决问题的方法。在有了解决问题的思路和方法之后，学生也可以利用几何画板来验证。学生还可以自主利用几何画板验证数学中的一些规律，如三角形的内角和为180°等。

随着各类信息技术的不断发展，未来会有更多具有探索性功能的教学软件出现。教师应积极利用这些软件帮助学生进行学习探索，提升他们的探索和解决问题的能力。

（十）将信息技术作为评价与测验工具

在传统教学中，教学评价主要是针对学生的学习成绩做出评价。在课程改革后，教学评价的内容发生了很大的变化，除了要对学生的学习成绩进行评价，还要对学生的学习能力、学习过程等方面进行评价。另外，对教师的教学情况也要做出相应评价。在评价方式上，也不再局限于考试评价，档案评价、课堂评价、问卷调查、学生互评等都是理想的评价方式。评价内容和评价方式的变化，对教师的评价工作造成了较大影响。教师要经常设计课堂评价表、调查问卷等，这就意味着教师需要在评价这项工作上花费更多的时间与精力。学习是一个持续的过程，对学生学习过程的评价需要持续进行。这些都加大了教师的工作量。若是有一个高效的评价系统，对评价中需要用到的课堂评价表、调查问卷等进行电子化管理，那么教师就可以从这些烦琐的评价准备工作中解放出来，将更多的时间与精力用在对评价结果的分析上，进而根据分析的结果采取具有针对性的措施，解决相应问题。

对于任何一种教学活动，开展测验都是很有必要的。因为通过测验，教师可以发现问题，了解教学效果。计算机辅助测验指的是利用计算机来帮助开展测验活动。计算机辅助测验依靠计算机辅助测验系统来实现，教师只需要输入测验的项目、开启测验模板，就可以得到需要的测验数据。教师根据测验得出的结果，可以发现学生在学习中面临的困难，明白他们的知识掌握情况，然后根据测验结果对后续教学活动进行必要的调整。多媒体作业和考试系统中有许多不同类型的试题，学生可以选择不同的试题进行自我测验，然后再利用统计分析软件对自己的测验成绩进行分析，做好自我评价，找出自己当前存在的问题。

评价与测验都是为了更好地开展教学活动，有针对性地解决学生在学习中存在的问题，帮助学生巩固所学知识，进一步提高教学质量。信息技术作为理想的评价与测验工具，应当在教学活动中得到广泛运用。

四、信息技术与课程整合的策略

信息技术与课程整合需要运用一定的策略，并且这些策略应当具有先进性，才能满足如今信息技术与课程整合的实际需求。这里介绍几种比较常用且具有一定先进性的整合策略。

（一）直观演示策略

直观演示策略指的是借助图片、模型、影像等工具，向学生直观地展示教学内容，使学生可以获得比较易懂的知识，从而更好地理解知识和掌握知识。直观演示策略有效地运用了教学的直观原则，在讲解抽象概念、复杂的原理等难以用言语表达清楚的知识内容时，能够取得十分显著的教学效果。如在物理课上讲授内燃机知识时，教师可以利用 flash 动画直观地呈现其四个冲程，让学生迅速地理解和把握内燃机的工作原理。这种策略是信息技术与课程整合中运用得最广泛的一种策略。

（二）强化训练策略

强化训练策略主要强调的是对学生进行反复训练，让学生掌握相应的内容。练习的内容来自计算机软件或网站。

虽然如今教育界格外崇尚建构主义，然而在实际的教学实践中，行为主义倡导的强化训练依然具有一定的价值。对那些只有通过反复强化才能掌握的教学内容，如英语单词的记忆、听力的提升等，都适合运用强化训练策略。

（三）思维训练策略

无论是在哪门学科的教学中，教师都需要完成一个共同的教学目标，即提升学生的思维能力。学生的思维能力一般包括创造性思维、敏捷性思维等。信息技术与课程整合中的思维训练策略指的是利用各类信息技术帮助学生提高思维能力的系列策略。很多教学软件都能够辅助开展思维训练，如在中学数学教学中，几何画板能够为学生进行问题探索提供一定的辅助。

（四）创设虚拟环境策略

学习环境对学生的学习影响很大，创设虚拟环境策略就是指从学习环境着手，利用各类多媒体技术和网络技术为学生创设一个良好的虚拟学习环境的策略。例如，教师在教授一首诗歌时，可以利用图片、音乐、影像等元素创设出与诗歌意境相符的教学情境，使学生真切地领悟诗歌的艺术魅力。对那些不方便或没条件操作的理科类实验，也可以通过此策略达到与实验相近的效果。在讲授化学、物理知识时，教师可以利用相应技术创设虚拟实验环境，学生可以在虚拟实验环境中了解实验过程，观察实验现象，对实验数据进行分析，完成实验任务。

（五）自主学习策略

自主学习策略强调的是学生自己积极利用各类信息技术进行自主学习。在实施这种策略的过程中，学生需要充分发挥自己的主观能动性，开展自觉学习，主动地解决学习中遇到的各种问题。在教学过程中，对于那些难度并不高、学生凭借自身努力便能够掌握的教学内容，教师可以使用此策略。同时，教师要做好教学设计，指导学生利用计算机和网络查阅资料，培养学生独立搜集、分析、组织、表达信息的能力和自主学习的意识、技能，为终身学习奠定基础。

（六）协作学习策略

协作学习策略是指以协作学习理论为基础，让学生置身于复杂而具有价值的问题情境中，充分借助信息技术，使学生通过协作共同解决问题的策略。这种策略对促进学生开展各种高级认知活动、提高学生处理和解决现实问题的能力具有明显的促进作用。信息技术能够打破时间、空间的限制，利用信息技术能够开展跨时空的合作，共同解决问题。与此同时，网络中蕴藏的丰富信息能够为问题的解决提供大量辅助资料。对于比较复杂或跨学科的问题，教师可引导学生在信息化环境中协作完成，这样做不仅能达成学科教学的目标，还能提高学生解决问题的能力和协作能力。

（七）情感培养策略

情感培养策略是指利用信息技术培养学生情感、态度和价值观的策略。教师在教学时应充分挖掘教材中能培养学生情感、态度和价值观的内容。多媒体技术在信息表达上的优势，能使学生产生强烈的情感体验，引发学生共鸣，从而有助于情感目标的落实。情感培养策略不仅能够促进学生能力的全面发展，还可以激发其形成内在的学习动机，有助于教学目标的达成。

第三节　影响计算机信息技术在教育领域中应用的主要因素

信息化是教育现代化的主要标志。当前，计算机信息技术在教育领域中的有效应用受教学工作者、教育系统、信息化基础设施建设、数字化学习资源几方面的影响和制约。

一、教学工作者

（一）校长

校长作为学校管理者，对信息技术在教育领域的应用起着至关重要的作用。学校的信息化建设不仅涉及软件、硬件的更新，还涉及教育理念的变革。直接影响学校信息化决策和行动的因素主要是校长的信息化领导力。校长是一所学校的领导者，他需要对教育信息化政策进行综合性评价，并在校内组织开展教育信息化工作。

在学校的信息化建设中，校长需要做的工作有很多：第一，校长需要全面地认知信息技术教育的发展情况。第二，校长应当高度关注影响教育改革的综合性因素，将技术的利用和学校改革的环境联系起来，推动教育思想、教学模式的全面更新，并和教学手段革新进行有机联动。第三，校长自身要不断丰富自己的教育信息化知识，对教育信息化中的重点知识要予以重点关注，全面提升自己的信息化领导水平与能力。第四，校长应当立足于实践，将自己的信息化领导能力体现在实际领导工作中，并在工作实践中不断提高自己的工作效率，完成自己作为学校信息化建设领导者的任务。

（二）教师

在教育信息化建设的进程中，教师具有重要作用。他们的教与学的理论与教育技术应用观、教育技术技能与能力、技能培训与技术支持是影响信息计算机技术在教育领域中应用的关键要素。

正确理解三种典型的学习理论（行为主义、认知主义和建构主义）和两种典型的教育技术应用观（"从技术中学"和"用技术学"）有助于教师依据教学目标、教学内容和学生特点，合理地选择和恰当地应用计算机信息技术开展教学活动，从而促进学生对所学知识的深入理解，并提高他们的高阶思维能力。

教师的教育技术能力的培养和教学行为、理念的改变并不是在短时间内就能完成的事情，它需要教师接受持续的技能培训，并为教师提供充分的技术支持。教师不仅要积极地参加专家学者的讲座，还要以日常的教学工作与自身的发展需求为立足点，通过主体参与、动手动脑、案例教学等形式，经历体验、分享、评价、概括、应用和反思多个阶段，掌握技术与课堂教学整合的策略、信息化教学设计方法以及对软件的选择和使用方法，提高自身的教育技术能力。

二、教育系统

教育系统内部的诸多因素，如教育系统的政策法规、学校领导的信息技术应用观、教师的信息化教学能力等，构成了制约教师有效应用技术的软环境。

调查发现，有的学校和教育行政单位把信息技术应用作为教学评奖的一项硬指标，信息技术教育应用只作为各类评奖、公开课的指标，而平时的教学任务繁重，导致教学进度和信息技术应用产生了冲突。又如，一些学校的领导更重视信息技术的展示功能，而忽略了其应用功能，只在乎一堂课的效果，而非信息技术在平时课堂的有效应用。

针对以上问题，我们需要从制度上制定促进教师在教育中有效应用计算机信息技术的政策法规，如在学校或区域内组建教师学习共同体，营造学校领导支持，教师间合作、分享经验和观点的氛围，在持续的工作、学习生活中增强教师应用信息技术的信心与能力。

三、信息化基础设施建设

信息化基础设施是影响信息技术教育应用的重要物质因素。学校只有具备一些必要的设施，如多媒体教室、计算机网络、交互式电子白板、互动反馈系统，才能为教学内容的演示与广播、教学资源的存储与检索、教学信息的处理与反馈和多元教学评价的实施等信息化教学实践提供必要的工具、手段和条件。另外，在完成信息化基础设施建设后，对其进行管理与维护也很有必要。

目前，许多学校都存在着软件建设落后于硬件建设、教育信息资源的利用滞后于教育软件开发等涉及软硬件协调发展的问题。如何根据师生的使用能力、资金承受能力与学校发展需要相一致的原则规划硬件建设？如何加快软件建设？怎样做，才能既提升硬件功能，又注重其与原有硬件设备的配套；既着眼今后的软件开发和提升，又兼顾其与原有信息环境的适用条件？树立学校信息化建设可持续发展的理念是解决这些问题的关键。因此，不少学校提出了创建累积型、节约型的信息化环境的软硬件发展思路。

四、数字化学习资源

计算机信息技术在教育领域的应用与数字化学习资源的建设、使用和维护具有十分密切的联系。从技术与教育应用的维度来看,数字化教学资源主要是指利用数字技术处理的、可以在多媒体计算机与网络环境下运行的软件教学资源。与传统的印刷媒体资源相比,数字化教学资源具有处理数字化、传输网络化、检索快速化、呈现多媒体化和组织超链接化的特点。

数字化学习资源通常可分五种类型:课件类(含多媒体课件和 CAI 课件),案例类(包括典型课例、教学设计方案、各类试题等),多媒体素材类,文献资料类和信息化学习工具类。课件类和案例类学习资源侧重于支持教师的教学,辅助教师解决教学中的重点和难点问题;多媒体素材类、文献资料类和信息化学习工具类学习资源侧重于支持学生的自主学习、探究学习和协作学习,为学生提供认知探究工具和协作交流工具。

第四节 "人工智能+教育"的主要技术手段

目前，教育正从以教师为主体逐渐向以学生为主体转变，未来的教育是个性化的教育，是多元化的教育。"人工智能+教育"是人工智能技术对教育产业的赋能，人工智能技术可以辅助教师优化教学内容，实现学生学习模式的转型，促使教育真正实现个性化、规模化和效率化。本节将简单探讨人工智能的相关概念及其在教育中的应用现状，重点阐述人工智能在教育领域中应用的主要技术手段，以及其在教育领域中应用的意义与作用。

一、人工智能及其在教育领域中的应用

（一）人工智能的概念

"人工智能"一词最初在1956年美国的达特茅斯学院举办的一场长达两个月的研讨会中被提出。从那以后，人工智能作为新鲜事物进入人们的视野中，研究人员不断探索发展了众多相关的理论和技术，人工智能的概念也随之扩展。经历了几十年的发展，现在社会众多领域都已经开始应用人工智能技术，越来越多的研究者和社会人士也对人工智能给予了广泛关注。

实际上，人工智能是计算机科学的一个分支，是一门研究和开发用于模拟和拓展人类智能的理论方法和技术手段的新兴科学技术，是指利用人工的方法和技术，模仿、延伸和扩展人的智能，进而实现机器智能的技术手段与科学工程，主要由专用人工智能和通用人工智能两部分组成，其研究领域包括机器人、语言识别、图像识别、自然语言处理、专家系统等。

（二）人工智能在教育领域中的应用

近年来，人工智能技术越来越发达，学校对人工智能教育的重视程度不断提高，人工智能在教育领域中应用的深度与广度也在不断拓展。具体来说，人工智能在教育领域中的应用可以从学习人工智能、从人工智能学习和用人工智能学习三个方面入手。首先，学习人工智能是指以人工智能为学习、研究的对象，学习者需要对人工智能的基础知识有系统的了解，掌握其基本操作与实践技能，并以此为基础对人工智能做更为深入的研究，主要包括传统意义上的人工智能教育和机器人教育两部分。其次，从人工智能学习主要是针对教师而言的。教师将人工智能作为一种教学工具，通过利用人工智能辅助自身的教学、测试、备课、课堂管理等，是当前智能化教学中的一种。最后，用人工智能学习是指学生用人工智能进行学习，利用人工智能对学习资料和信息进行查询、处理等。

二、人工智能在教育领域中应用的主要技术手段

传统的人工智能在教育领域中的应用更多是为了满足某个专门领域的学习需要，以促进学习者获得特定的知识与技能为目标，作为对学校教育的补充，未能深入影响学生的日常学习、生活和教师的教育教学。时至今日，人工智能在教育领域中应用的技术手段越来越成熟，为学习者的个性化学习、学习环境中交互性数据的分析提供了技术支持，也为学习者终身学习与随时随地学习的目标提供了新兴载体和学习环境。具体来说，人工智能在教育领域中应用的主要技术手段包括以下几个方面：

（一）机器学习与深度学习技术

如果有大量数据在等待被深度挖掘和明确分析，那么一般会使用机器学习。机器学习是人工智能的一个重要分支，它研究的主要内容是如何利用计算机模拟或实现人类学习活动。机器学习的分类主要有两种方式：第一，依据学习干预方法，分为有监督学习和无监督学习；第二，依据学习一般方法，分为决策树学习、知识学习、强化学习、竞争学习和概率学习等。机器学习是类似人工神经网络的一种学习算法，通过模拟人脑神经元建立学习模型，将各网络节点关联起来，并计算每个节点的输入量和输出量。

深度学习技术是建立在机器学习基础上的一种学习算法，它将多层人工神经网络和卷积计算融为一体，先通过设置多层人工神经网络的权值、反馈迭代优化计算的结果和并行计算输入层的多个节点接收到的数据，准确地处理海量数据，然后通过构建学习模型，最后帮助学生完成历史数据的学习，并在其学习过程中预测学习结果。

基于数据挖掘与学习的机器学习与深度学习技术是人工智能教育应用的关键技术之一，正是由于神经网络的多神经元、分布式计算性能，以及多层深度反馈调整等优势，人工智能才能对海量数据进行计算和分析，为其以后更智能的发展奠定基础。

（二）知识和数据的智能处理技术

在教育教学的专业领域中，通常使用知识和数据的智能处理技术帮助打造专家系统，该技术打破了传统的问题探讨思维方式，运用专门知识求解问题的方法，使人工智能从最初的理论研究转为如今的实际应用转型研究。专家系统是指一类具有专门知识的计算机智能程序系统，其能够运用特定领域中专家提供的专业知识和经验，并采用人工智能中的推理技术进行求解，模拟专家解决复杂问题时的思维方式。这种系统的构成部分包括知识库和推理机。知识库的建立是通过知识标识、知识获取、知识存储等操作完成的；推理机被应用于机器推理或模糊推理等操作，对基于知识的推理结果的获得起决定作用。专家系统中包括特殊领域专家们的专业知识和经验，系统内部对这些知识和经验进行了凝练，最终形成规则，再将大量的规则组成规则库。规则库在问题求解过程中占有重要地位，因为它能代替人类专家智能化地通过程序获得问题的答案。当然，基于规则的推理系统并不止专家系统这一种，但目前它的作用较强、应用较广。随着学科融合理念的不断深入，专家系统也与时俱进，逐渐与其他学科进行了融合，产生了不同载体的多种多样的专家系统模型，尤其是与教育融合成知识和数据的智能处理模型，在人工智能教育的管理与决策中发挥着越来越重要的作用。

（三）人机交互技术

目前，在人工智能技术中受关注度比较高的还有人机交互技术，它的目的主要是通过机器的智能化发展促进机器与人类的交互，并保证交互的顺畅。人机交互一般是通过机器人学和人工智能领域中的模式识别技术实现的。一般来说，机器人学的主要研究内容是如何让机械模拟人类的举止，模式识别技术主要研究如何让机械模拟人类的感官知觉，也就是说如何让计算机系统拥有与人类感官一样的"感知能力"。当前，人机交互技术的形式包括通过实物进行交互、通过触控屏幕进行交互、通过虚拟现实进行交互以及多种交互方式综合的多通道交互等。教育领域中人机交互技术的应用和实现既需要硬件技术的支持，又需要软件技术的支持，如手势识别技术、语音识别技术、触觉反馈技术、眼动跟踪技术和3D交互技术等。通过人机交互，用户不再受常规输入设备的约束，能够在复杂的人机交互场景中自然地与机器进行各种感官方面的交互。

三、人工智能在教育领域中应用的意义

（一）提高学生的学习能力，便于开展学习测评

基于数据挖掘与学习的机器学习与深度学习技术有助于提升学生的思维能力，提高教师的教育信息素养。从学生的角度出发，人工智能技术可以更好地帮助学生在人机交互过程中体验和认识相关知识和技术，并了解解决非结构化和半结构化问题的全过程，以实现培养学生多角度思维的目标。此外，这种技术还能模拟专家学者解决复杂问题时的思维模式，使学生在学习过程中感到不同思维模式的优势，从而提高自己的辨析能力。从教师的角度出发，数据挖掘与学习技术可以帮助教师提高在信息方面的获取、加工、管理、交流等能力，为教师进行教学方案的设计、教学方法的选择与教学结果的评价提供一定的技术支持。

学习测评是学习活动中次外围的学习环节，基于学习测评的效果反馈能够令教师掌握学生的学习进度与效果，以调整教学安排。基于人工智能的学习测评主要体现在口语测评、组卷阅卷、自适应测评等具体活动中，多采用语音识别、图像识别、自然语言处理等技术，目前应用最多的是口语测评。

口语测评是语言学习中的重要部分，英语口语测评、汉语言发音测评等功能得益于语音识别技术的发展，可以更加高效、自动化地进行。口语测评系统主要替代教师对学生的口语陪练、口语等级考试测评及评分统计等相关工作，能够通过语音识别，提升学生的口语能力。目前，其功能覆盖音标发音、语音语调、短文朗读、看图说话、口头作文等。在测评过程中，系统通过语音识别与自然语言处理，获取用户语音，同时匹配语音大数据，

通过语音计算模型得出发音得分，为口语测评提供语音、语调、情绪表达等多种统计指标。

自适应测评是学习测评中应用人工智能较多的一个部分。通过自适应测评，人工智能对学生的学习情况有了初步了解，还可以通过匹配算法完成对学生学习进度的跟进与学习内容的安排，并以录播视频、直播、图文材料等方式进行学习内容的智能推送。在这一过程中，人工智能还可以在针对学生的测试中发现其学习上的漏洞，并通过最后的自适应测评评估教学效果，为下一轮学习智能规划与推送奠定基础。

此外，人工智能还可以基于不同学生的不同学习情况，对题库已有数据进行分析与组合，再通过机器学习算法，以学生个人历史数据和过往错题为参照，在进行智能分析的基础上，为学生生成满足其学习需求的、针对性较强的练习试卷。

（二）提高教师的教学质量，提供教学辅助

人工智能的知识和数据的处理技术有助于提高教师的教学质量、教学效率与教学水平。在人工智能技术的支持下，知识被转化为"信息库"，计算机可以模拟专家学者的思维和行为，对知识进行直接、快速、精准、科学的处理，即对知识信息进行智能化教学与管理；人工智能可以通过计算机向教师展示大量的图文并茂的教学信息，也为教师深入理解教学知识提供了便利。除此之外，人工智能还可以帮助教师完成一些常规性的教学设计，让教师将更多的精力用于关注教学过程与学生本身，从而大幅提高教学效率与教学质量。具体来说，人工智能为教师提供的智能教学辅助体现在以下几个方面：

第一，人工智能可以帮助教师实现智能批改。在智能批改中，作文批改、作业批改是较为热门的应用场景。智能批改的完整流程是：先由教师线上

布置作业，再由人工智能自动批改，并生成学情报告和错题集，然后系统向教师、家长和学生进行反馈，并根据学生的学习情况进行习题推荐。智能批改需要利用智能图像识别技术对手写文字进行识别，通过深度学习分析词与段落的表达含义，对逻辑应用进行模型分析。与人工批改相比，智能批改可以及时标注错误和分析错误原因，批改速度更快，批改结果更细致、更客观，为教师节省了时间，也为学生进行个性化学习提供了支持。

第二，人工智能可以帮助教师进行作业布置。作业布置主要体现了人工智能的自适应特性。人工智能系统根据学生以往的学习情况、测试成绩、错题情况、学习进度、作业完成度等多维数据，智能识别学生当前所处的学习阶段，通过深度学习来匹配下一轮作业内容，并根据此次作业批改的结果对下一轮作业布置进行预测与实施。学生通过智能作业布置能够实现个性化的学习过程，从而有针对性地对薄弱环节进行巩固、提高。

第三，人工智能可以帮助教师生成个性化的备课教案。人工智能可基于学生学习情况，通过计算机视觉、自然语言处理、数据挖掘等技术，为教师生成个性化教案，包括试题数字化录入、授课计划、作业布置等，节省教师用于备课的时间与精力，同时也为教育资源匮乏地区的教师备课提供了一定的优化方向与优化建议。

第四，人工智能可以帮助教师打造 AI 课堂。这类产品可以通过表情识别、人脸检测、语音识别、姿态识别等分析学生听课专注度。在这个与时俱进的时代，AI 课堂要与课堂教学改革的需求相适应，发扬互动课堂、翻转课堂等教学优势，帮助教师提高教学质量。

（三）实现个性化教学，完善教学管理技术

一方面，人机交互技术可以帮助教师实现教学过程的个性化与交互性。教师可以利用人机交互技术中的智能代理与智能教学系统，主动、高效地

对网络信息空间中的有效信息进行发掘和收集，帮助教师解决使用单一关键字匹配查询、搜索引擎等技术而引起的信息检索精确度较低的问题。在教学过程中，人机交互技术的应用有助于提高师生双方知识的获取效率，提高学生交互学习和自主学习的能力。学生也可以使用智能代理技术进行搜索，以查询所需知识。基于人机交互技术的智能教学系统的应用能满足教师对个性化课堂教学的需求，也能满足学生通过教学系统与教师、其他同学进行互动的需求。

另一方面，人工智能在学习管理中发展得较为成熟，相关产品服务包括分层排课与自适应学习、伴读机器人等。这些服务主要以计算机视觉、语音交互等技术为核心，帮助学生完成学习管理。

教师可以充分利用人工智能系统科学地对学生进行分组，每个小组组内成员的学习水平相近，以便于教师有针对性地进行区别教学。同时，教师还可以运用人工智能系统在线收集、统计学生选课数据，根据学生的课程安排恰当地进行分层排课。学生在这种分层策略与有针对性排课的条件下，其学习水平能够得到一定程度的提升。基于智能搜索技术，系统能够对学生的学习进度与学习效果进行评估，针对所有课程进行对应匹配搜索，同时还在学习过程中，实时依据学生学习测评结果，调整课程安排。

伴读机器人是以语音识别、语音交互等技术为基础的，拥有代替家长与孩子交流、诵读书目、讲故事等功能的机器人。伴读机器人的核心价值在于它能理解用户需求，帮用户方便、准确地找到相关学习内容。用户与伴读机器人直接语音交互，系统通过语音识别理解用户意图，通过机器学习掌握用户偏好，搜索数据库，将答案反馈给用户。有些伴读机器人会运用视觉识别技术，来分辨小孩是否离开、所处环境是否有危险等。这种语音互动的学习方式能够帮助用户提高学习效率、提高学习兴趣。

第五节　云计算与教育云在教育领域中的应用

　　信息时代，互联网需要处理的业务量快速增长，数据中心建设和维护的成本也在不断上升，这对互联网环境下的海量数据处理和网络服务质量的保持带来了新的挑战。当前，在互联网领域备受关注的是云计算技术，这一技术能够提供虚拟化的、高可用性的新一代计算机平台，还能够提供动态化的资源池。云计算技术在教育中的应用为线上教育和学习提供了新想法和新发展途径，在以后或将变成一种基础性的学习环境和学习平台。本节从云计算的相关概念与功能出发，对教育云的定义做出阐释，重点探讨云计算与教育云在教育创新中的价值和意义。

一、云计算与教育云

（一）云计算的概念与功能

　　云计算是一种把数据集中在资源池中，支持各种程序运转，利用自动管理的方式来实现无人参与或对相关业务资源进行自动调整的计算。这里的"云"指的是虚拟化的计算资源，这些资源能够进行自我维护和自我管理，常常表现为计算服务器、存储服务以及宽带资源等大型服务器集群。从其理念的核心来看，云计算指的就是在资源池中展开的运算。一般来说，云计算的体系结构包括一个数据中心、一组部署管理软件、虚拟化组件、云计算管理系统和已安装好软件的虚拟机，其部署模式由公有云、私有云和混合云组成。

作为一个虚拟化的计算机资源池，云计算的关键技术一般包括虚拟化技术、数据存储技术、数据管理技术、分布式编程与计算技术、资源的管理与调度技术等。云计算不仅能够负荷其多种类型工作的运行，如作业的处理、用户交互式使用程序等，还能够对虚拟或物理的机器进行快速部署，从而根据需要对资源使用情况进行实时监控，以保持资源分配的平衡。同时，云计算还对多种编程模型有很强的支持作用，如冗余的、高效的、可扩展或能够自我恢复的编程模型。

（二）教育云的相关概念

所谓教育云，是指利用云计算架构对各种资源、系统以及服务进行深度的集成与整合，根据用户的使用需求，通过租用或免费等方式向用户提供这些服务，以满足不同用户在科研、学习、生活、娱乐、社交等多个领域的使用需求。可以说，教育云就是教育的云计算技术运用，是云计算技术在教育领域中的运用，可以表现为以云计算的方式提高教育效率和质量、降低教育成本、实现教育数据的云化等。

目前，教育云已得到了一定的普及，其发展也较为成熟，云计算技术在高校教育中的发展也已从理论步入了实际，并取得了良好的应用效果。不仅如此，不少企业也推出了教育云解决方案，如思科教育云解决方案、微软教育云解决方案等。教育云不仅有助于教育资源的共享，打造云学习环境，在使学生通过"电子书包"等终端设备随时随地地享受云端各种学习服务的同时，及时储存学习数据，降低数据丢失的概率，还有助于构建计算环境，使其适用于校园网环境中全局计算环境的构建。可见，云计算系统和教育云技术可以充分激发现有设备和设施的潜能，尽可能满足教育领域内师生在科研、教学等方面的需求，从而极大地提升校园网络的应用与管理水平。

二、云计算与教育云在教育领域中的创新表现

（一）开发教学系统，营造网络学习环境

云计算在教育领域的应用有利于教学系统的开发，为师生营造良好的网络学习环境。学校建立支持网络学习的云计算服务，能依托网络浏览器和平板电脑、手机等设备来获取互动服务，使各种数据和服务实现最大范围的共享，避免教育信息系统的重复开发。

在云计算技术的支持下，人们可以在任何时间、任何地点从任意终端对信息与服务进行访问，方便、快捷。在云计算技术支持的学习环境中，学生能及时按需获取和随时使用学习资源和学习工具，获取网络学习资源和服务的成本与难度也大大降低。这有助于创建灵活敏捷的学习方式，从而提高学生的学习效率，提升学习效果。

（二）整合教育资源，实现数据共享

云计算在教育领域中的应用有助于促进校内教育资源的整合，实现数据互联互通。通常，云计算网络中的数据只有一份，保存在云端。用户只需将电子设备连接上校园网，就能对数据进行访问和使用，实现更深层次的数据共享。云计算的共享应用有着很强的扩展性，现有学校各院系的教育硬件资源都可以一起加入同一个云中，这样不仅能够减少学校投入到教育资源上的资金和时间，也能够实现真正意义上的校内资源共享。

云计算在教育领域中的应用有助于实现不同学校之间资源的流通。云计算能够对各学校间的教学资源进行整合，使教学资源的利用更加合理、高效，从而提高教学质量。在学校里整合教学资源，一方面能够缓解不断增长的教学资源需求和当前相对短缺的教学资源之间的矛盾，另一方面

也能够让优质的教学资源有更高的利用率,从而为更多学生提供优质教育资源。

此外,用户还能够依托云应用平台实现私有云服务的定制,通过多个应用,使现有的信息资源一起加入同一个云,这样能使各个机构的优质资源得到最大限度的利用。同时,利用这些应用平台提供的协同工作能力,能实现对教育信息资源的共享、共建,从而提高信息化建设的效率,有效整合数据资源,减少不必要的重复性建设,使教育资源数据的一致性也得到保障。

(三)简化基础设施,降低教育成本

学校的教育资源建设因云计算的出现而显得不再那么迫切,在云计算的支持下,教育云在获取云服务方面并不需要用户端有十分先进的设备,学校在采购计算机时无须过多地考虑设备的性能,只需要使教师和学生拥有能够上网的终端设备和浏览器,并连接网络,就能够获取相关服务,这样可以节约学校教育资源建设的成本。另外,云计算还可以为教育部门和学校提供存储支持,使其将信息资源转移到云上,从而减少对服务器的使用,减轻计算能力对终端的限制,这在一定程度上降低了对服务器和相关基础设施进行更新维护、人工管理及能源消耗的费用,从而减少了不必要的开支,降低了教育成本。

(四)转变教育方式,提高管理效率

云计算在教育领域中的应用有助于教育方式的转变和管理效率的提高。将教育信息化系统迁到云端后,教学活动可以随时随地地展开,移动学习得以实现;学生也可以在任何时间、任何地点,利用云计算教育平台学习知识、查看教案、提交作业、交流协作等,体现了其在教学过程中的主体

地位。教师打开能够上网的终端设备，可以随时随地地在云教育平台上备课、查找资料或开展教学工作，为教师教学提供了便利。借助笔记本电脑、智能手机等移动设备，教师与学生可获得各种教育云服务，如学生可以在线学习、在线提交作业、在线提问、参加在线网络考试等，教师则可以更新教案、在线答疑、在线评卷等。教育产生的所有数据都能够在云端进行解决，用户对云端资源的使用也十分方便。这样的教学活动摆脱了过去教学对空间地点如教室和机房的限制和要求，使随时随地的教学与学习成为可能。

在储存数据方面，云计算服务为用户提供了既安全又可靠的数据存储中心，对网络服务资源进行虚拟化，并由专人对所有服务资源进行管理、维护，保障了数据存储的安全性和高效性，能更及时地启动硬件辅助保护功能的防御攻击，同时也加快了数据加密和解密的速度。可见，在教育领域中应用云计算能够保证数据的安全性，避免因网络攻击、病毒或硬件故障而使宝贵的数据遗失的风险。

云计算在教育领域中的应用加快了教育信息化的进程。学校管理者不再需要通过纸质媒介发布相关教育信息，而是在云平台上发布相关内容，并能更及时地收到来自学生和教师的反馈。这样一来，信息传递的速度变快了，人们也更容易管理这些信息了。通过云教育平台，管理者随时可以了解学校的相关情况，指导学校的各项工作，在出现问题的初期获得预警，并做出有针对性的决策。

（五）建设校园网教育信息系统，打造校园云计算安全平台

云计算对终端设备的要求不高，并且终端设备的更新和维护等工作都由服务提供方、数据中心建立者以及服务提供商来承担。云计算服务能帮

助学校完成来自教育机构的各项数据调查任务,并在云计算的支持下,降低硬件设施采购成本,提高维护和升级的效率。

另外,使用云计算还能在校园网络信息系统中建立安全性较高的数据存储中心。云计算有较为严格的权限管理策略,不仅能够使学校中共享数据的安全性得到一定的保障,还能帮助学校进行更集中、更有效的数据存储,实现安全监测,并在这一过程中建立一个或多个数据中心,由相应的管理者实现对数据的统一管理。其中,数据管理的主要工作一般是指对资源进行分配、均衡负载、部署与安全控制。

参考文献

[1] 海连. 大数据背景下计算机科学与技术的应用探讨[J]. 数字技术与应用, 2023, 41(01): 49-51.

[2] 戴禄君. 大数据背景下的计算机信息处理技术探究[J]. 中国信息化, 2021(07): 52-53.

[3] 杨荔琼. "大数据"背景下计算机信息处理技术探索[J]. 网络安全技术与应用, 2022(02): 71-72.

[4] 尹亚波. 大数据背景下计算机应用技术移动学习的探索[J]. 科技风, 2020(14): 132-133.

[5] 龙娟. "大数据"下计算机信息处理技术探索[J]. 网络安全技术与应用, 2021(08): 60-61.

[6] 邹玲玲. 大数据背景下计算机技术的运用探索[J]. 无线互联科技, 2021, 18(13): 87-88.

[7] 刘超. 大数据背景下计算机技术在茶文化翻译中的应用探索[J]. 福建茶叶, 2021, 43(05): 277-278.

[8] 董春龙. 大数据时代背景下计算机信息处理技术[J]. 电子技术与软件工程, 2019(24): 121-122.

[9] 范梦婷. 基于大数据背景下的高职计算机应用基础课程教学探索[J]. 现代职业教育, 2021(04): 152-153.

[10] 刘永辉, 胡巧婕, 赵丽. 大数据环境下计算机技术在信息安全中的

应用 [J]. 电子技术与软件工程，2021（04）：254-255.

[11] 戚引松 . 大数据时代背景下人工智能在计算机网络技术中的应用探索 [J]. 科技与创新，2021（08）：176-177.

[12] 陈佩银 . 大数据时代背景下计算机软件技术的应用 [J]. 电气传动自动化，2018，40（04）：41-42+44.

[13] 姚锐 . 大数据背景下计算机信息处理技术探究 [J]. 中国管理信息化，2023，26（23）：145-148.

[14] 杨纪争 . 大数据背景下高职院校计算机应用基础类课程教学改革与探索 [J]. 电子世界，2020（09）：56-57.

[15] 汪贵生 . 计算机软件技术在大数据时代的应用探讨 [J]. 普洱学院学报，2023，39（03）：40-42.

[16] 孙超 . 计算机前沿理论研究与技术应用探索 [M]. 天津：天津科学技术出版社，2021.

[17] 肖梅 . 大智移云物背景下图书馆个性化信息推荐研究 [M]. 北京：中国纺织出版社，2023.

[18] 张际平 . 计算机与教育 [M]. 北京：新华出版社，2014.

[19] 陆泉，陈静，刘婷 . 基于大数据挖掘的医疗健康公共服务 [M]. 武汉：武汉大学出版社，2020.

[20] 蔡圆媛 . 大数据环境下基于知识整合的语义计算技术与应用 [M]. 北京：北京理工大学出版社，2018.

[21] 詹先友，蒋超 . 地方民族院校教育教学信息化建设的探索与实践 [M]. 成都：西南交通大学出版社，2021.

[22] 浙江省高校计算机教学研究会 . 计算机教学研究与实践 2017 学术年会论文集 [M]. 杭州：浙江大学出版社，2017.

[23] 徐祖哲.信息跨越 信息怎样改变社会与生活 [M].北京：光明日报出版社，2002.

[24] 张际平.计算机与教育 新技术、新媒体的教育应用与实践创新 [M].厦门：厦门大学出版社，2012.

[25] 陈洪，刘北利.英语教育中的计算机应用 [M].北京：人民教育出版社，2005.